A MAGIA DA CAMINHADA

Shane O'Mara

A magia da caminhada

Como caminhar nos torna mais saudáveis, equilibrados e felizes

Tradução
Karla Vaz

principium

Texto fixado conforme as regras do Acordo Ortográfico da Língua Portuguesa (Decreto Legislativo nº 54, de 1995).

Título original: *In Praise of Walking*

Editora responsável: Amanda Orlando
Editora de produção: Viviane Rodrigues
Editor-assistente: Rodrigo Ramos
Assistente editorial: Camila Novaes
Preparação: Isis Batista
Revisão: Luisa Tieppo
Diagramação: Carolinne de Oliveira
Capa: Miriam Lerner | Equatorium Design
Imagem de capa: ADDICTIVE_STOCK / Envato Elements

1ª edição, 2025

CIP-BRASIL. CATALOGAÇÃO NA PUBLICAÇÃO
SINDICATO NACIONAL DOS EDITORES DE LIVROS, RJ

O64m
O'Mara, Shane
A magia da caminhada : como caminhar nos torna mais saudáveis, equilibrados e felizes / Shane O'Mara ; tradução Karla Vaz. - 1. ed. - Rio de Janeiro : Principium, 2025.
256 p. ; 21 cm.

Tradução de: In praise of walking : the new science of how we walk and why it's good for us
ISBN 978-65-88132-99-9

1. Caminhada - Aspectos fisiológicos. 2. Caminhada - Aspectos psicológicos. 3. Caminhada (Esporte). I. Vaz, Karla. II. Título.

25-101006.0 CDD: 613.7176
CDU: 613.72

Carla Rosa Martins Gonçalves - Bibliotecária - CRB-7/4782

Direitos exclusivos de edição em língua portuguesa para o Brasil adquiridos por Editora Globo S.A.
Rua Marquês de Pombal, 25 — 20230-240 — Rio de Janeiro — RJ
www.globolivros.com.br

Sumário

Introdução

O que nos torna humanos? Qual é o atributo que nos distingue de todos os outros seres vivos? A linguagem costuma aparecer no topo da lista — sem dúvida, é uma faculdade característica dos humanos.[1] As outras espécies também se comunicam entre si, muitas vezes de maneira impecável e elaborada, por meio de códigos e sinais de chamamento que indicam a presença de alimento ou de perigo, por exemplo. Nenhuma outra, porém, conta com algo parecido com a linguagem humana, com o seu potencial infinito para transmitir significado, conteúdo e cultura.

Além disso, nós, humanos, utilizamos ferramentas sofisticadas, ensinamos a outras pessoas como usá-las e também aperfeiçoamos o emprego desses instrumentos ao longo do tempo; no entanto, outras espécies também utilizam ferramentas, ainda que não com a mesma variedade e criatividade que nós. Uma característica mencionada com frequência é a propensão humana para cozinhar os alimentos, algo exclusivo de nossa espécie — é um fato que nenhuma outra elabora o que come.

Cozinhar permite que absorvamos nutrientes e busquemos fontes de alimentos que, de outra forma, não poderiam ser consumidas; mas isso leva à pergunta: como coletamos e transportamos o alimento que será preparado? Outro ponto que é comum aparecer na lista é o tempo dedicado às nossas crianças e aos nossos adolescentes, que são criados e cuidados por nós durante muitos anos — um compromisso excepcional e muito maior do que o de qualquer outra espécie.

No entanto, há um item sempre omitido da lista, uma adaptação considerada uma das mais importantes e singulares que temos (isto é, uma alteração biológica que favorece a nossa sobrevivência), mas que quase nunca é percebida pelas pessoas. Algo que é comum a todas as outras adaptações já mencionadas e também a muitas mais. Trata-se de nossa habilidade para caminhar e, principalmente, de fazer isso com postura ereta e sobre os dois pés; uma adaptação conhecida como "bipedalismo", que nos deixa com as mãos livres para executar outras tarefas.[2] Quase todos os outros animais terrestres são quadrúpedes — se deslocam sobre os quatro membros. Caminhar é uma proeza maravilhosa e aparentemente simples, embora seja uma façanha que os robôs ainda não conseguiram emular com nada que se assemelhe à fluidez humana e de outros animais.[3]

Caminhar faz com que a nossa mente se movimente de uma forma que não acontece com a de outros seres. Em 1952, o neurologista e fenomenólogo Erwin Strauss (hoje quase esquecido) captou a ideia de como essa capacidade está entrelaçada à identidade e à experiência humanas ao comentar que nossa "postura ereta é uma condição indispensável para a autopreservação do homem. Somos eretos e experimentamos a nós mesmos nessa relação específica com o mundo".[4] A postura ereta modifica a nossa relação com o mundo, incluindo, como veremos, o nosso mundo social.

Os chimpanzés, nossos parentes próximos, usam uma forma intermediária de bipedalismo, que combina o uso de pés e mãos para caminhar. Essa adaptação é conhecida como *nodopedalismo** e não é um modo muito eficiente de se locomover.[5] Muitas aves também andam sobre as duas patas, mas não o fazem com a coluna ereta[6] — a espinha dorsal das aves não é perpendicular ao solo nem sustenta uma cabeça móvel. No caso dos humanos, andar como bípedes acarretou modificações e adaptações drásticas em todo o corpo, do topo da cabeça até a ponta dos dedos dos pés.

No que o fato de caminharmos sobre os dois pés nos beneficia a ponto de nos tornar diferentes das outras espécies? Em termos evolutivos, o bipedalismo possibilitou que saíssemos da África e nos espalhássemos por todo o mundo — para as geleiras longínquas do Alasca e para os desertos abrasantes da Austrália. É uma habilidade única que determinou a história da espécie humana.

Caminhar ereto também nos deu uma série de outras vantagens físicas. Andar sobre os dois pés deixa as mãos livres, o que significa que podemos carregar alimento, armas e filhos. Deslocar a locomoção para os pés, estabilizando o equilíbrio ao longo da coluna e do quadril, nos permitiu atirar pedras e lanças, esgueirar e atacar os adversários com machadinhas primitivas, coletar os despojos do assalto ou do combate e desaparecer

* O autor usa o termo em inglês *knuckle-walking* para se referir ao andar sobre os nós, juntas ou articulações dos dedos. Apesar de não haver registro no Vocabulário Ortográfico da Língua Portuguesa (Volp) ou em dicionários, a comunidade científica brasileira adota os termos *nodopedalismo*, *nodelismo* ou *nodopedalia*. (N. T.)

silenciosamente na noite. Conseguimos transportar nossos filhos — muitas vezes por grandes distâncias — apenas por colocar uma perna na frente da outra. Andar ereto dá mobilidade à nossa mente, e com cérebros em movimento foi possível avançarmos em direção aos horizontes mais distantes do planeta.

No entanto, os benefícios não se limitam apenas à nossa história evolutiva, já que é um hábito que faz muito bem para a nossa mente, corpo e espírito comunitário. Caminhar é holístico: cada um dos seus aspectos auxilia cada um dos aspectos do nosso ser e nos proporciona uma leitura multissensorial do mundo em todos os seus estados, formas, sons e sensações, porque usa o cérebro de múltiplas maneiras. Nesse sentido, ter companhia para caminhar pode ser uma das melhores experiências da modalidade. A caminhada social — marchar em conjunto e com um propósito — pode ser um estímulo eficaz para uma mudança real na sociedade. Caminhar tem uma importância tão vital e essencial para nós, tanto em nível individual quanto coletivo, que deveria se refletir na forma como organizamos as nossas vidas e sociedades. Os formuladores de políticas públicas precisam abraçar plenamente a ideia de que caminhar é algo que nos distingue como humanos, e essa visão deve influenciar o planejamento urbano de toda cidade. Anseio pelo dia em que médicos de todo o mundo prescrevam caminhadas como um tratamento básico para melhorar a saúde e o bem-estar individual e coletivo. Na verdade, profissionais de saúde das ilhas Shetland, na Escócia, já começaram a prescrever caminhadas na praia como terapia preventiva contra enfermidades físicas e psicológicas.[7]

Nas páginas seguintes, daremos destaque ao panorama completo do bipedalismo humano desde as suas origens mais remotas, passando pela explicação de como o cérebro e o corpo executam esse processo mecânico maravilhoso que nos permite andar sobre os dois pés, até compreendermos como o caminhar pode libertar o nosso pensamento. Ou seja, percorreremos todo o caminho para chegarmos aos seus aspectos mais sociais — seja uma partida de golfe, um passeio pelo campo ou uma passeata para tentar mudar a sociedade. Ao longo do percurso, aprenderemos as lições necessárias e mostraremos os benefícios para o indivíduo e a sociedade, e essas lições são diversas e fáceis de serem aplicadas.

Eu mostrarei de que maneira caminhar nos torna sociáveis ao liberar as nossas mãos para o uso de instrumentos e para fazer gestos — movimentos que nos possibilitam sinalizar significado para os outros. Caminhar nos permite dar as mãos, o que transmite um sinal de envolvimento amoroso exclusivo; também nos brinda com a possibilidade de proporcionar apoio físico uns aos outros; marchar em protesto é uma característica comum entre os que desfrutam de liberdade política, razão pela qual a proibição de reuniões e passeatas é uma das primeiras medidas tomadas por um autocrata. Caminhar faz bem ao corpo, ao cérebro e à sociedade como um todo.

Contudo, o contrário também é verdade. Pagamos o preço pela falta de movimento, seja por causa dos ambientes em que vivemos, do design de nossos escritórios ou simplesmente por estarmos ociosos e sedentários. Neste livro, quero mostrar o quanto é imperativo que voltemos a caminhar. Nossos cérebros e corpos serão beneficiados; o ânimo, o pensamento claro, a criatividade, a conexão que temos com os mundos social, urbano e natural, tudo isso será beneficiado. Caminhar é a solução simples, possível e pessoal de que todos precisamos.

A ciência emergente nos apresenta um quadro claro: caminhar com regularidade confere benefícios duradouros e substanciais aos indivíduos e à sociedade em geral. Este livro promove tanto a ciência que pesquisa essa prática quanto a alegria genuína de dar um bom passeio. Eu quero que uma mudança de comportamento aparentemente simples tenha um lugar central como promotora do bem-estar físico e psicológico. É uma atividade que quase todo mundo pode praticar e que nos é natural. O cérebro e o corpo humanos são feitos para o deslocamento diário por ambientes naturais e artificiais: o movimento regular melhora o raciocínio, a percepção e a criatividade de diversas maneiras, e também melhora a nossa saúde.

É hora de nos levantarmos e caminharmos em direção a uma vida melhor — de vermos o mundo como ele é e como somente nós, humanos, podemos ver.

I.

Por que caminhar nos faz bem?

Por nossa conta e risco, ignoramos os benefícios que caminhar traz para a saúde, o humor e a clareza mental. Hoje, muitos de nós vivem em um ambiente bastante antinatural, passando longos períodos do dia sentados e com os olhos fixos em telas que talvez estejam a cerca de meio metro de distância. Quando nos levantamos e começamos a andar e a nos movimentar, nossa postura muda: o tronco e a coluna vertebral passam a formar um único eixo vertical que parte da cabeça, se estende primeiro pelas costas, em seguida pelas pernas e os pés, até entrar em contato com o chão. Por outro lado, quando estamos sentados, o peso do tronco se concentra principalmente na região lombar e, em especial, no cóccix, aquele pequeno conjunto de ossos que compõe a cauda vestigial humana.[1] O cóccix serve como ponto de fixação para uma rede extraordinária de tendões e músculos que se prolongam pela espinha dorsal e, em especial, pela região acima das pernas — no caso, os músculos glúteos da parte superior das coxas, que são essenciais para o caminhar.

Não é de se surpreender, portanto, que a dor lombar seja um dos sintomas mais comuns no mundo ocidental.

Parece insensato, então, que a solução para prevenir a dor — se levantar da cadeira e dar uma volta com regularidade — seja tão pouco conhecida ou praticada. Longos períodos de inatividade também causam alterações musculares: depósitos de gordura se acumulam nos músculos das pernas, e perdemos massa muscular à medida que envelhecemos em parte devido à nossa imobilidade (processo conhecido como "sarcopenia"). Outras mudanças também ocorrem, como as alterações na pressão arterial e na taxa metabólica (índice que estima a quantidade de energia que o nosso corpo queima). Quando nos levantamos, porém, o cérebro e o corpo sofrem uma variação repentina: nos tornamos "cognitivamente móveis", nossa mente adquire mobilidade, a cabeça gira, os olhos se agitam. A atividade cerebral muda quando nos movimentamos, e ritmos elétricos cerebrais que antes eram quiescentes passam a ser engajados e ativos. Nós nos tornamos mais alertas, a respiração se altera, o cérebro e o corpo ficam prontos para agir. O filósofo francês Jean-Jacques Rousseau comentou: "[...] quase não posso pensar quando fico parado; é preciso que meu corpo esteja em movimento para movimentar meu espírito também."[2]

Aproveito para contar sobre uma caminhada que me lembro de ter feito. Estava em uma conferência estudantil em Belfast durante a melancólica e, ao que então me parecia, interminável década de 1980. Fazia uma longa caminhada pela Malone Road até o centro da cidade, passando pela Queen's University. Cruzei com inúmeros cordões de isolamento. Jovens soldados portando armamento pesado patrulhavam a cidade, vasculhavam sacolas de compra à procura de bombas e armas, conversavam agitados uns com os outros com sotaques que revelavam que eram ingleses. Havia muita tensão no ar. A campanha do político unionista Ian Paisley contra o Acordo Anglo-Irlandês era um pano de fundo constante, assim como as atrocidades terríveis e os diversos atentados a bomba e assassinatos. No entanto, a cidade estava viva. É difícil matar uma cidade.

Quando relembro a caminhada realizada em minha primeira visita a Belfast, recordo que passei pelo hotel Europa, alvo de muitos atentados a bomba. Em seguida, caminhei para o Leste, em direção à Botanic Avenue, e depois fiz um longo caminho de volta, desviando por ruas e avenidas da região até chegar aos fundos do hotel Europa. Por que escolhi esse trajeto? Simplesmente porque podia; andar a pé nos proporciona isso. Era o início da tarde de sábado, o céu estava nublado e parecia que ia chover. Andando sem destino, por acaso me vi caminhando em Sandy Row, região que concentrava os unionistas de Belfast. As fachadas dos prédios tinham murais incríveis, mas um pouco assustadores para alguém vindo do Sul, mais tranquilo e pacífico. Apertei o passo até chegar à Lisburn Road e, enfim, encontrei o caminho de volta para o endereço na Malone Road onde nós, estudantes, estávamos hospedados. Em Belfast, uma caminhada é uma volta a um passado que ainda está presente; como diz a velha máxima, "o passado nem sequer passou".

Essa breve jornada pessoal contém muitos elementos ocultos que estão relacionados à capacidade de andar sobre os dois pés: a viagem mental no tempo para recordar detalhes, as reminiscências de uma caminhada, o sentido de orientação e a escolha de rota bem-sucedida em um ambiente urbano desconhecido, a leve sensação de medo que ainda sinto quando me lembro dos cordões de isolamento e dos murais. Hoje, sabemos que os sistemas cerebrais relacionados a todas essas funções estão em comunicação constante e funcionam com base no apoio mútuo. E, de modo crucial, também sabemos que tais sistemas não são perfeitos. Minha memória me enganou um pouco. Ela simplificou o trajeto e omitiu detalhes importantes. Lembro-me da Botanic Avenue como sendo quase em frente ao hotel Europa. Não é, como pude confirmar ao pesquisar no mapa. A Botanic Avenue forma um ângulo agudo que se estende até a Great Victoria Street, que é onde está de fato o hotel Europa. E, estranhamente, eliminei a maior parte dos detalhes relativo ao Sandy Row e ao hotel Europa. Lembro-me de Sandy Row como sendo mais ou menos logo atrás do Europa. E não é: ao contrário do que imaginei, Sandy Row fica bem mais ao sul. O que me resta é a recordação imperfeita do que retive de essencial sobre endereços, lugares e coisas; em nenhum lugar do meu cérebro tenho uma gravação em vídeo capaz de reproduzir fielmente o percurso que trilhei há tantos anos.

Esse é o ponto principal subjacente às nossas memórias episódicas e de eventos: elas são imperfeitas, retêm o essencial, deduzem significados, se concentram em determinados aspectos mais relevantes e ignoram outros.[3] Há mais informação disponível ao nosso redor do que nossas mentes móveis conseguem captar, e mais do que precisamos saber. Como nos movemos, o que observamos, com quem falamos, o que sentimos ao nos mover... Todas essas ações são componentes centrais de nossas experiências. Pode ser que elas se tornem uma recordação e fiquem registradas como traços em nossa mente. Não somos cérebros incorpóreos que viajam através do espaço e do tempo: sentimos o chão sob nossos pés, a chuva em nosso rosto; talvez estejamos explorando o desconhecido, mas, ao fazer isso, ampliamos nossa gama de experiências neste mundo complicado. E, ao mesmo tempo, estamos em silêncio criando memórias de onde estivemos e traçando mapas do mundo que experimentamos.

É possível demonstrar o poder de causar uma modificação no cérebro que o simples ato de se levantar e sair andando tem. Um experimento simples, elaborado pelo psicólogo norte-americano John Ridley Stroop[4] é usado para avaliar o "controle cognitivo", isto é, a facilidade ou a dificuldade de uma pessoa em conseguir direcionar e controlar a atenção e o pensamento. Chamado de "teste de Stroop", é uma tarefa de identificação de cores e palavras com uma interferência extra. Os participantes recebem uma lista com os nomes das cores (vermelho, verde, azul, preto etc.). Esses nomes são impressos na exata cor a que se referem (por exemplo, a palavra "vermelho" com letras em vermelho) ou em cor diferente (a palavra "vermelho" com letras em verde). Pede-se aos participantes que digam a cor da palavra impressa o mais rápido que puderem. Em geral, quando as letras da palavra e a cor que ela nomeia são iguais, os tempos de resposta são menores e mais precisos. Por outro lado, quando as letras e a cor são diferentes, os tempos de resposta são muito mais lentos.

Em geral, o teste de Stroop apresenta resultado de desempenho reduzido em situações de dupla tarefa. Por exemplo, pode-se solicitar a um voluntário que participe do teste de cores e palavras usando fones de ouvido e fique atento para pressionar um botão sempre que escutar um termo ou frase específico que corresponda ao elemento a ser identificado. O efeito Stroop demonstrado no experimento é muito confiável e fácil de detectar. Ele costuma ser interpretado como a necessidade do indivíduo de prestar atenção seletiva a determinados aspectos do estímulo visual enquanto se empenha para ignorar outros de seus aspectos (automáticos, chamativos, predominantes) e, assim, selecionar a resposta adequada.

O que acontece, porém, se for adicionado movimento à dupla tarefa? O psicólogo experimental David Rosenbaum e seus colaboradores da Universidade de Tel Aviv questionaram se o simples fato de estar de pé causaria algum efeito no desempenho no teste de Stroop.[5] Após realizar uma série de três experimentos, os pesquisadores descobriram que quando um participante está de pé, o efeito para estímulos diferentes — em que o desempenho deveria ser mais lento — é, na verdade, mais rápido do que o normal em relação a quando está sentado. É como se o simples ato de ficar de pé mobilizasse recursos cognitivos e neurais que, de outra forma, permaneceriam quiescentes. Além disso, estudos recentes mostram que caminhar aumenta o fluxo sanguíneo no cérebro de um modo que compensa os efeitos do sedentarismo.[6] A interrupção regular de períodos prolongados de imobilidade apenas por ficar de pé mobiliza mais recursos neurocognitivos que modificam o estado em que o cérebro se encontra. Essa modificação consiste em um chamado à ação e também à cognição.

Além de melhorar o controle cognitivo, não há dúvida de que caminhar proporciona uma infinidade de outros benefícios. Todos sabemos que faz bem para o coração, mas também favorece o restante do corpo. Caminhar protege e restabelece a saúde de órgãos que passaram por estresse e tensão e é bom para o funcionamento do intestino, pois facilita o trânsito dos alimentos.[7] Andar com regularidade também atua como um freio no envelhecimento do nosso cérebro e pode, de maneira significativa, reverter esse processo. Em experimentações recentes, idosos foram convidados a participar três vezes por semana de grupos de caminhada que não exigisse muito esforço.[8] Após um ano, na turma com frequência regular, o envelhecimento normal das áreas do cérebro que dão suporte ao desenvolvimento do aprendizado e da memória sofreu uma ligeira reversão, de aproximadamente dois anos. Também se observou um aumento no volume dessas áreas cerebrais, algo extraordinário por si só, pois sugere que o ato de caminhar com regularidade estimula uma série de alterações de plasticidade na própria estrutura do cérebro, fortalecendo-o de modo semelhante ao que ocorre com os músculos quando são trabalhados.

Há uma maneira simples de interpretar a bibliografia que trata da relação entre o envelhecimento e a atividade de caminhar: você não envelhece até parar de andar, e não para de andar porque envelheceu. Muitas caminhadas regulares, principalmente se feitas com ritmo acelerado e cadência apropriada, previnem várias das situações adversas que surgem com o envelhecimento. Caminhar também está ligado ao aumento da criatividade, à melhora do estado de ânimo e ao refinamento do nosso raciocínio como um todo. Fazer exercício aeróbico logo após assistir a uma aula pode potencializar e melhorar de fato a capacidade de memorização do conteúdo estudado. A prática aeróbica sistemática e regular pode produzir, de verdade, novas células no hipocampo, a estrutura cerebral que dá suporte ao desenvolvimento do aprendizado e da memória. O exercício regular também estimula a produção de uma molécula importante que auxilia na plasticidade cerebral, conhecida como fator neurotrófico derivado do cérebro ou BDNF (sigla do inglês *Brain-Derived Neurotrophic Factor*).[9] O axioma "movimento é remédio" está correto: nenhum medicamento tem todos esses efeitos positivos. E, em geral, têm efeitos colaterais. Já o movimento, não.

Certa vez, quando eu caminhava pelo lindo vale de Glendalough, na Irlanda, senti o rufar de galopes velozes. Parei e fui surpreendido com a visão de quatro ou cinco cervos-vermelhos correndo por ali. Era fim de outono, época de reprodução, e pude ouvir os machos emitindo sons de acasalamento altos e graves. Essa é mais uma vantagem que caminhar nos proporciona: ver, cheirar e sentir as coisas como elas são em seus ambientes, e não através do para-brisa de um veículo em movimento. Caminhar permite que confrontemos aspectos pessoais em vez de nos isolarmos deles. Assim como muitas pessoas, eu também tenho um carro e sei dirigir, e sempre vou de trem para o trabalho. Como um modo de transporte, porém, para mim o caminhar é algo especial, pois permite que eu me sinta leve, seja qual for o *peso* que eu carregue; clareia a minha mente, o que possibilita que eu reflita sobre as coisas. O movimento natural presenteia o corpo e o cérebro com experiências e demandas que não existem em outros tipos de movimento. Carros, bicicletas, trens e ônibus nos separam do meio de diversas maneiras quando nos deslocamos em veículos mecânicos, às vezes isolados atrás de um vidro, em alta velocidade, preocupados em sofrer um acidente, descuidando da direção para procurar aquela música nova. Há uma passividade peculiar nesse tipo de deslocamento: estamos sentados, mas nos movendo em velocidade. Essa inércia nunca poderá ser associada ao caminhar, pois colocamos um pé na frente do outro, imprimindo força própria, até chegarmos ao destino. Independentemente dos limites do projeto viário urbano, escolhemos qual caminho seguir e experimentamos o mundo de perto, com a velocidade e do jeito que quisermos.

Contudo, como sabemos que caminhar apresenta toda essa diversidade de benefícios para a mente, o corpo e a qualidade de vida? Qual é a evidência? Ela é ampla e, como veremos ao longo deste livro, revela que caminhar melhora cada aspecto do nosso ser, desde a saúde física e mental até a vida social, e muito mais.

Pode parecer óbvio, mas, quando caminhamos, nosso cérebro também está em movimento. Na verdade, como veremos, evoluímos como uma espécie móvel: passeamos, nos movemos, buscamos novas fontes de informação no mundo. Em outras palavras, não somos apenas cérebros encerrados em um crânio, mas mentes em ação — somos "cognitivamente móveis". A análise da nossa forma de pensar, raciocinar, recordar, ler e escrever é chamada de "estudo da cognição". Em geral, a pesquisa científica da cognição é feita em um laboratório, a partir de experimentos cuidadosamente controlados e toda uma série de métodos e testes que medem as habilidades cognitivas.

É provável que quase tudo o que se move de maneira sistemática e coerente possa ser mensurado de uma forma ou de outra. Os movimentos realizados podem ser diversos e múltiplos. Por exemplo, poderiam ser o padrão da mobilidade ocular de uma pessoa ao olhar para uma tela, em que é possível: captar para onde ela olha e por quanto tempo o olhar se fixa em determinados pontos; medir a velocidade de intermitência com que as pupilas se contraem e se dilatam; analisar as respostas elétricas do cérebro; avaliar os tempos de reação; determinar quantas vezes a pessoa se mexe na cadeira durante o teste. Em experimentos de última geração, os participantes poderiam realizar essas tarefas complexas enquanto estão deitados em uma máquina de escaneamento cerebral, que utiliza uma variedade de métodos avançados para medir e localizar a atividade no cérebro quando associada à execução de uma tarefa cognitiva específica.

Há dois métodos principais para gerar imagens do cérebro. O primeiro e, de longe, mais popular, é o de "imagem por ressonância magnética" (IRM), que tem duas variações principais: a funcional (IRMf) e a estrutural (IRMe). A IRM é um procedimento sem risco medicamentoso e não invasivo que (em princípio) nos permite observar o cérebro em funcionamento com uma precisão milimétrica. O segundo maior método para obtenção de imagens é a "tomografia por emissão de pósitrons" (TEP), que requer a injeção de traçadores radioativos (ou radiotraçadores) no sangue para mapeamento de sua absorção em diferentes regiões cerebrais durante a realização de tarefas distintas. Comparada à ressonância IRM, a tomografia TEP é uma técnica com abrangência espacial menor, além de ser um pouco desagradável para pessoas com medo de agulhas. No entanto, a TEP é aplicada em diversas especialidades, sobretudo no desenvolvimento de novos tratamentos farmacológicos para transtornos do cérebro e outras desordens. Por outro lado, a IRM não exige o uso injeções e oferece uma abrangência muito maior para o mapeamento da estrutura e do funcionamento do cérebro. Ambos os procedimentos nos permitem ter uma visão inédita, e em tempo real, da atividade cerebral, principalmente da humana.[10]

Agora, vamos imaginar alguém que vai participar de um experimento de IRMf. Essa pessoa se deita na mesa de exame do equipamento de ressonância, que se move lentamente em direção ao túnel do scanner. Nesse momento é feita uma IRMe, que gera imagens de vários cortes do seu cérebro, para verificar se não há anormalidades ou outros problemas. Se tudo estiver bem, ele será então instruído sobre a tarefa que deverá fazer durante a IRMf. Nela, sua primeira ação será olhar fixamente para uma pequena cruz em uma tela (isto é chamado de "fixação ocular") e, na sequência, será pedido que realize uma tarefa. Para não fugir ao tema deste livro, talvez a tarefa possa ser de navegação espacial. Por exemplo, pode ser que ele tenha um *joystick* e deve se orientar pelos caminhos de um labirinto tridimensional complexo. Com base no que já sabemos sobre testes realizados com ratos e humanos, é possível prever que veremos um grau muito alto de atividade na formação hipocampal, como também alguma ação em regiões do cérebro envolvidas em movimentos motores. Como verificamos que a atividade que existe na formação hipocampal é relacionada de fato a uma ação específica da tarefa proposta e não a outros de seus aspectos? Esse é o ponto em que experimentos controlados são absolutamente essenciais. Muitas vezes se emprega uma lógica subtrativa: a atividade de tarefa irrelevante é subtraída da tarefa de interesse. Por exemplo, pode-se pedir ao participante que mova o *joystick* de acordo com uma instrução verbal, mas não enquanto estiver explorando o labirinto, de modo que ele esteja sobretudo envolvido em um comportamento *visomotor*.

Essa abordagem experimental de laboratório se revela muito eficaz, já que permite testar e ampliar o modelo padrão da cognição humana. No entanto, apresenta algumas limitações. Para o que nos interessa aqui, a mais específica é a nossa capacidade de avaliar o que ocorre no cérebro enquanto ele está em movimento, ou seja, quando a mente se move "em seu estado natural", por assim dizer. O psicólogo experimental Simon Ladouce e seus colaboradores da Universidade de Stirling argumentam — a meu ver, com razão — que o nosso entendimento sobre cognição tem progredido mais devagar do que poderia ou deveria, porque as gerações passadas e atuais de psicólogos e neurocientistas não estudaram as mentes e os cérebros em movimento com a intensidade que nós poderíamos talvez ter feito.[11] Para ser justo com milhares de pesquisadores, é preciso esclarecer que isso ocorre porque é difícil transportar um laboratório para um ambiente natural. Estudar as ações da mente em movimento é possível, mas não é fácil. Sendo realista, estudar cognição em um espaço natural requer pegar o que há de melhor da prática de laboratório e utilizar para, de alguma forma, criar instrumentos móveis que nos permitam mensurar o que é que as pessoas pensam, falam e fazem enquanto passeiam.

As tecnologias móveis de última geração estão se tornando bem acessíveis e podem ser adaptadas e usadas para capturar nosso comportamento quando estamos pela rua, nos movimentando. Muitos de nós, se não a maioria, temos um smartphone. Hoje, é comum que esses aparelhos já venham equipados com aplicativos que calculam o número de passos, a velocidade da caminhada, as calorias de uma dieta e muitos outros dados. Expandir ainda mais essas e outras tecnologias permite que capturemos mais aspectos do que o cérebro está fazendo quando a cognição é móvel. Os smartphones se revelaram especialmente úteis nesse sentido. Em um experimento que use esses aparelhos, por exemplo, os participantes podem ser contactados em momentos diversos do dia e perguntados sobre o que estão fazendo, como estão se sentindo e o que estão planejando fazer, entre outras questões. Essas abordagens são conhecidas como "amostragem de experiência".[12]

Embora existam meios indiretos de estudar como o caminhar modifica o cérebro, especificar e entender os mecanismos subjacentes pode ser mais difícil. É ainda mais complexo relacionar essas mudanças à atividade de determinadas células, circuitos neurais e sistemas cerebrais com a cognição e o comportamento em geral. Hoje, porém, já temos o início de um entendimento de como o caminhar afeta a atividade cerebral. Por sua vez, estamos começando agora a entender como a atividade modifica o cérebro a fim de o preparar para a ação.

Por um momento, imagine que você seja um gato e esteja sentado esperando por sua presa. Há um rato por perto que, por sua vez, perambula em busca de algo saboroso para comer. Imagine ser aquele gato que, sorrateiro, espreita o movimento do rato. Seu sistema visual está mais aguçado pelo simples fato de que está se movendo com bastante tranquilidade e cuidado. Você capta a informação com mais rapidez; suas patas estão prontas para capturar a presa.

Agora, imagine ser o rato voltando para sua toca ou ninho. Está meio escuro, e tanto o você-gato quanto o você-rato estão trabalhando no limite da acuidade visual. Talvez possam farejar um ao outro, mas esse rastro de odor talvez seja indefinido e não forneça um caminho confiável, por um lado, para localizar a presa ou, por outro, para escapar do predador. A não ser que o esconderijo onde o rato está seja completamente seguro, sua melhor estratégia de fuga é se movimentar em silêncio e com cuidado, contando com a acuidade extra que seu sistema visual adquire quando caminha. Da mesma forma, no caso do gato, se movimentar, mexer a cabeça e os olhos, permite que tenha uma chance melhor de capturar a presa — a refeição noturna de que tanto precisa.

Aqui, temos uma "corrida armamentista evolutiva". Deslocar-se sobre as quatro patas aguça e ajusta a atividade nas áreas visuais dos cérebros tanto do rato-presa quanto do gato-predador.[13] Com isso, caminhar permite que seja mais fácil capturar a presa, mas também escapar com mais facilidade do predador. Há dois sistemas cognitivos móveis concorrentes, um baseado em gatos e o outro em ratos, cada um deles ajustado para derrotar os objetivos do outro. A atividade de cada sistema é aguçada da mesma forma: caminhando. Isso nos leva a uma conclusão importante e geral: caminhar altera significativamente a atividade do cérebro de maneiras sutis, importantes e poderosas.

Esse exemplo do gato e do rato, do predador e da presa, nos permite considerar a cognição móvel pela avaliação do que acontece na atividade de células, circuitos neurais e sistemas cerebrais e, depois, no comportamento. O que acontece com a nossa percepção de como vemos as coisas quando caminhamos? Caminhar afeta a visão? Com que rapidez vemos algo quando estamos andando e prestando atenção se comparado a quando estamos também atentos, mas sentados? Caminhar modifica a atividade nas partes do cérebro que são relacionadas à visão, e isso acontece de várias formas positivas, projetadas para que a resposta ao que está acontecendo no mundo real seja mais rápida e eficaz.

Vamos refletir brevemente sobre como a cognição pode ser afetada pelo movimento. Podemos pensar no cérebro (de modo bem simples, vale dizer) da seguinte forma: ele recebe informações do mundo externo, os *inputs* (a parte sensorial do sistema nervoso), e as processa de alguma maneira (o componente central do sistema nervoso). Por sua vez, os resultados desse processamento podem afetar o comportamento por meio de alguma forma de ação, o *output* (a parte motora). A atividade nessas partes componentes distintas pode então ser calculada durante o caminhar. O que se revela é que caminhar altera de maneira mensurável a atividade cerebral para melhor. A audição, a visão e os tempos de reação melhoram durante o movimento ativo.

Claro que não somos apenas seres estáticos; temos mobilidade, mas ela apresenta desafios específicos para a coleta de dados. Como veremos, conduzir experimentos com ratos e camundongos quando estão em movimento é relativamente simples hoje em dia. No entanto, experimentos com humanos nessa mesma condição exigem um pouco mais de engenhosidade.

* * *

A Via Alpina atravessa oito países (Áustria, França, Alemanha, Itália, Liechtenstein, Mônaco, Eslovênia e Suíça) e consiste em cinco trilhas longas e interligadas que, juntas, somam cerca de 5 mil quilômetros de extensão. Seus caminhos têm uma origem muito antiga e às vezes revelam achados arqueológicos carregados de histórias interessantes e perturbadoras de seu passado. Em um desses casos, ocorrido em 1991, foi descoberta a múmia de 5 mil anos de um homem de meia-idade na região onde hoje é a fronteira austro-italiana. Ele recebeu o nome de Ötzi, o Homem de Gelo.[14]

O pobre Ötzi teve um fim desagradável: radiografias de seu corpo revelaram que ele havia sido flechado por uma seta de pedra lascada, que penetrou bem fundo em seu ombro esquerdo, e depois golpeado com força na cabeça. Seus braços tinham algumas marcas de ferimentos de defesa. Não está totalmente claro qual dos ferimentos causou a morte de Ötzi. É provável que nem a flechada nem o golpe na cabeça tenham resultado em morte instantânea. Ele pode simplesmente ter morrido devido à perda de sangue do ferimento no ombro. E, de um jeito quase inevitável, ao que parece, Ötzi receberia um tratamento ainda mais indigno depois de morto: ele se tornou *a* celebridade da Via Alpina, com restaurantes locais servindo produtos com o seu nome, como a pizza Ötzi e o sorvete Ötzi.[15]

Qual a semelhança entre o Homem de Gelo e o homem moderno? Era muito comum que humanos primitivos fossem nômades, ao contrário de seus irmãos e irmãs do século XXI, mais sedentários. Como esse estilo de vida itinerante afetou o corpo de Ötzi?

Um experimento realizado em 2011 conseguiu retroceder no tempo, nos permitindo ver qual poderia ter sido a aparência de seu corpo e como ele teria mudado devido à prática do nomadismo. Para isso, pesquisadores estudaram como um homem atual, um italiano anônimo de 62 anos, razoavelmente ativo, se adaptou e respondeu à caminhada pela trilha extensa através dos Alpes. O italiano percorreu 1,3 mil quilômetros da Via Alpina ao longo de três meses.[16] Antes de começar, ele se apresentou no laboratório, onde foi mapeado da cabeça aos pés. Todos os aspectos essenciais do funcionamento do seu corpo foram mensurados: sua capacidade respiratória, sua força muscular, o quanto o seu corpo estava magro, os vários componentes de seu sangue e uma série de outras medidas. Em seguida, ele foi equipado com um laboratório portátil em miniatura, que ele carregaria durante a jornada e que consistia em instrumentos dentro de uma mochila, com materiais que permitiam que ele fizesse coletas e análises químicas de seu próprio sangue repetidas vezes. Os resultados obtidos pelos dispositivos portáteis da mochila possibilitaram que os pesquisadores desenvolvessem um panorama da adaptação contínua do Ötzi moderno à sua jornada prolongada nas montanhas.

A boa notícia, aqui, é que nunca é tarde demais para qualquer um começar a caminhar, nem mesmo por distâncias longas. Apesar de estar razoavelmente em forma, o Ötzi atual nunca tinha feito uma viagem a pé tão extensa e demorada, ainda que as avaliações revelassem que o seu corpo se adaptou com rapidez e facilidade aos rigores do trajeto, incluída a capacidade de superar os efeitos da leve falta de ar devido à variação de altitude das trilhas — o conjunto de trilhas da Via Alpina varia entre 0 e 3 mil metros acima do nível do mar; o chamado "mal da montanha" ou "doença da altitude", em geral, ocorre acima dos 1,5 mil metros, onde os níveis de oxigênio caem para 84% em relação ao disponível ao nível do mar. A partir dos 3 mil metros, esses níveis caem para 70%.

Houve mudanças positivas em quase todas as áreas mensuradas do funcionamento corporal do italiano anônimo. Seu índice de massa corporal (IMC) — medida usada com frequência para determinar a obesidade — caiu cerca de 10%. Enquanto isso, seu percentual de gordura corporal teve uma redução drástica, em torno de 25% do total medido anteriormente, como resultado do exercício contínuo na jornada. (Ou seja, precisa perder peso? Esqueça a academia e vá dar uma caminhada bem longa. E faça isso na natureza, ao longo de um período de vários dias ou semanas. Será muito mais benéfico para você.)

No total, o Ötzi moderno andou pouco mais de 1,3 mil quilômetros em 68 dias — cerca de dezenove quilômetros por dia — embora houvesse uma variação considerável na distância diária percorrida: houve dias em que ele só conseguiu completar cerca de cinco ou seis quilômetros, enquanto em outros ele atingiu 41 quilômetros. Essa variação reflete, é claro, a dificuldade do terreno alpino em cada trajeto. Caminhar cinco quilômetros enquanto ascende cerca de 2 mil metros por uma trilha rochosa na encosta da montanha é, de fato, uma conquista notável, ao passo que andar quarenta quilômetros em um terreno sem obstáculos, bem conservado e descendente durante um período de 7 ou 8 horas talvez não seja, em termos relativos, uma caminhada tão árdua. A distância que o Ötzi atual percorreu é comparável a outras caminhadas de resistência já feitas por outros humanos. Essa capacidade de caminhar grandes distâncias por terreno acidentado, em períodos relativamente curtos, com progresso constante, sistemático e diário, foi fundamental para a longa viagem que nossa espécie empreendeu quando migrou da África, como será visto no Capítulo 2.

Um benefício especialmente importante para o Ötzi de hoje em dia foi ter apresentado uma redução significativa e duradoura de gorduras (triglicerídeos) que, em níveis elevados, são tidas como fatores de risco para pelo menos algumas formas de doenças cardíacas e cardiovasculares. A caminhada prolongada que ele empreendeu resultou em uma redução de cerca de 75% desses triglicerídeos. Também houve um aumento expressivo na produção de gorduras consideradas boas para a saúde do coração (lipoproteínas de alta densidade, como as encontradas no azeite e no óleo de peixe). Portanto, o estudo de caso aprofundado sobre um homem no fim da meia-idade nos forneceu evidências sólidas de que uma rotina de exercícios baseada em caminhadas diárias pode proteger de fato o coração, e não apenas para que ele funcione melhor (embora colabore para isso, certamente), mas também pela redução de elementos na corrente sanguínea que podem causar doenças cardíacas. A partir desse estudo, podemos concluir que, mesmo com uma idade avançada, um corpo motivado de forma apropriada pelo cérebro pode mudar de forma radical, e para melhor, como resultado de um período prolongado de caminhadas de resistência diárias.

Essas mudanças corporais são uma anomalia ou refletem algum conjunto subjacente de processos gerais que são comuns a todos nós? Os marcadores inflamatórios e outros marcadores de doença do nosso voluntário italiano também caíram drasticamente em cada um dos casos mensurados. Isso está relacionado a alguma característica fisiológica específica desse indivíduo ou a alguma idiossincrasia genômica incomum que seja sensível a períodos tão longos de caminhada?

Testar populações isoladas e não conectadas é uma forma de descartar esses questionamentos. Um estudo realizado com caçadores-coletores da Amazônia Boliviana sugere que eles também se assemelham ao Ötzi moderno (ou, melhor dizendo, que este responde à atividade física da mesma forma que aqueles). O antropólogo evolucionista Hillard Kaplan e pesquisadores da Universidade do Novo México conduziram um estudo com 705 indivíduos do povo indígena tsimane, que vive na região da Floresta Amazônica Boliviana.[17] Eles são caçadores-coletores e vivem de uma dieta básica composta de peixe, caça e carboidratos ricos em fibras. A ingestão dietética de lipoproteína de baixa densidade, conhecida pela sigla LDL, é muito baixa, e o hábito de fumar é praticamente raro entre os tsimane, embora estejam sujeitos a altos níveis de parasitas. Os indivíduos são muito ativos ao longo do dia, se ocupando com tarefas como agricultura, caça, preparo dos alimentos, afazeres domésticos e criação dos filhos. Eles caminham para todos os lugares e não usam veículos de transporte com rodas nem animais de montaria.

De forma notável, Kaplan e seus colaboradores descobriram que quase todos os tsimane testados tinham marcadores de saúde cardiovascular melhores do que os encontrados nas sociedades ocidentais mais saudáveis. Os escores de cálcio coronariano (ECC) funcionam como indicador da quantidade de placas de cálcio (com acúmulos de gorduras e outros materiais e detritos) presentes nas artérias. Essas placas podem se solidificar e, mesmo que eventualmente, bloquear o fluxo sanguíneo de uma artéria, podendo causar um ataque cardíaco ou um acidente vascular cerebral (AVC). Os escores de cálcio dos tsimane eram pelo menos 20% menores do que aqueles encontrados em populações ocidentais, e em 65% dos indígenas analisados esse indicador era igual a zero. Isso significa que um tsimane de 80 anos tem, na verdade, a idade vascular de um americano de uns 55 anos.

Embora o estudo não tenha incluído a actigrafia (método de medição direta do movimento), dados de observação coletados sugerem que os tsimane dedicam muitas horas por dia à atividade física — múltiplas horas em comparação com os dados encontrados em uma população ocidental, sedentária e industrializada. Eles usam o tempo percorrendo grandes distâncias para encontrar e coletar alimento, caçar, pescar e outras atividades necessárias à sobrevivência. De maneira segura e razoável, podemos concluir que altos níveis de atividade (caminhar, principalmente), acompanhados por mudança nos hábitos alimentares, podem ajudar de modo evidente a proteger o coração de fatores que favorecem as doenças cardíacas. Além disso, esses fatores de risco podem ser alterados tanto pela atividade (para melhor) quanto pela inatividade (para pior). O experimento do Ötzi italiano mostra que as alterações nocivas podem ser rapidamente revertidas com muitas caminhadas, enquanto o estilo de vida sedentário só as piora.

Infelizmente, não há registros da disposição emocional do Ötzi moderno. Caso existissem, entretanto, arrisco dizer que veríamos dois componentes distintos. Seu ânimo teria refletido, a cada instante, os desafios constantes de uma caminhada rigorosa: estar suado, com muito calor, muito frio ou com fome e sede; enfim, a frustração com os inconvenientes de uma vida nômade (Onde vou dormir? Onde vou me alimentar? Onde vou fazer minhas necessidades?). Contudo, a sua sensação de bem-estar em longo prazo, bem como o seu raciocínio claro ou, na verdade, a sua consciência, teria se elevado talvez de forma duradoura.[18]

* * *

Enquanto o nosso "ratinho de laboratório" italiano teve que carregar na mochila todo um equipamento móvel para medir as suas funções vitais, atualmente a tecnologia fornece uma solução nova e mais conveniente, como já foi mencionado, para estudarmos a mobilidade e a atividade da população em geral: o smartphone. Alguns smartphones contam com aplicativos que podem rastrear passivamente os nossos passos e rotas, ao mesmo tempo que nos deixam livres para caminhar. Neles, podemos registrar a nossa idade e o nosso peso, além de monitorar a nossa frequência cardíaca e, até mesmo, os níveis de oxigênio em nosso sangue. Podemos medir o nosso nível de atividade relativa de formas tão variadas que nem sequer imaginaríamos há uma década.

Sempre uso o meu smartphone para tentar mapear o número de passos que dou todos os dias. Tenho uma meta mínima diária que me esforço para atingir, mas que muitas vezes tento ultrapassar. Por que uso um smartphone? A razão mais simples é que sem ele ou outro tipo de podômetro é impossível mapear os passos dados em uma caminhada de forma sistemática e coerente. De um dia para o outro, fica difícil lembrar o quanto se caminhou, e é quase impossível saber com precisão a velocidade média da caminhada a cada hora e a cada dia sem algum tipo de medidor de passos e distâncias. Ter o registro dos dados à mão nos possibilita ajustar o quanto de fato caminhamos com o quanto achamos que caminhamos; assim, não há como dourar a pílula sobre o nosso desempenho. A autoavaliação está sujeita a todo tipo de falhas e problemas individuais.[19] Somos razoavelmente bons em afirmar, com alguma precisão, como nos sentimos no momento presente, mas dar a mesma informação sobre como estávamos há 72 horas é completamente diferente. Registrar dados de caminhada de forma sistemática e coerente nos permite ter uma imagem muito detalhada do quanto e por onde andamos ao longo de um dia. O smartphone pode realmente ser um laboratório pessoal e individual que cabe no bolso.

O uso disseminado de smartphones aumentou muito em todas as sociedades e faixas de renda tanto dos países do Norte quanto do Sul Global. Essa disseminação quase total do uso dos aparelhos possibilita o registro de dados relativos à atividade de caminhar — seja no âmbito individual, seja em relação ao conjunto de um país — durante um período prolongado e com um nível de precisão alto. Isso é muito bem ilustrado pela quantidade de conjuntos de dados (ou *datasets*) hoje disponíveis. Por exemplo, o cientista da computação Tim Althoff e colaboradores da Universidade de Stanford criaram um *dataset* que consiste em 68 milhões de caminhadas diárias registradas em 111 países, das quais participaram 717.527 pessoas com idades entre os 15 e os 75 anos.[20] Isso é o que o termo *big data* (ou grande base de dados) significa de fato: um lago imenso de dados formado por um número quase incontável de gotas de informação captadas de centenas de milhares de pessoas.

Após Althoff e sua equipe realizarem uma série de checagens e filtragens dos dados, restou um conjunto final que incluía 66 milhões de caminhadas diárias em 46 países e com a participação de 693.806 pessoas. Eles também conseguiram coletar registros de idade, IMC e gênero dos participantes, e passaram a utilizar esse conjunto de dados para formar um panorama dos padrões de atividade relacionados ao caminhar humano no âmbito de cada país. Os pesquisadores também usaram outro *dataset*, com dados coletados dos Estados Unidos, que traz a análise —

após o cruzamento de medições diversas — do nível de caminhabilidade (ou da falta dela) em 69 cidades norte-americanas de diferentes regiões do país. É importante observar que, como veremos no Capítulo 5, algumas dessas cidades pertencem à mesma zona geográfica e têm situação econômica e características demográficas semelhantes, mas apresentam, a depender da caminhabilidade, muitas diferenças no que diz respeito ao caminhar. Sobre o número de passos dados por indivíduo de cada nação coletada, os cientistas encontraram variações grandes tanto dentro de um mesmo país quanto entre países distintos. Uma informação importante quando se sabe que, conforme medição do IMC, o melhor indicador de obesidade não é o número absoluto de passos dados por indivíduos de um país qualquer, mas sim a distância entre o número de passos de homens e de mulheres de um mesmo país.

O estudo revelou detalhes interessantes de todos os tipos. Por exemplo, os homens andam mais do que as mulheres em qualquer idade, do adolescente médio ao septuagenário. Por outro lado, em média, as mulheres têm IMCs mais baixos do que os homens. No entanto, o IMC médio aumenta em níveis de atividade mais baixos. Na análise, o indivíduo médio deu 4.961 passos por dia (embora essa média ocultasse uma variação importante, que ia dos mais de 14 mil passos diários para apenas algumas centenas no mesmo período). Também havia uma variação considerável entre países. No Japão, por exemplo, o número médio de passos dados por dia foi de 5.846, já na Arábia Saudita esse valor foi de 3.103. Entre os gêneros, a disparidade numérica nos passos caminhados foi evidente em todos os países testados e, em grande parte, também foi responsável por uma parcela importante das diferenças observadas no IMC de homens e mulheres.

Qual o uso que faço do meu laboratório pessoal de bolso? Não há dúvida de que o aplicativo de caminhada instalado no meu smartphone é um estímulo à ação, e o seu contador de passos é a minha consciência culpada, pois sempre quero atingir, pelo menos, os 9,5 mil passos diários que o aplicativo registra no meu resumo de atividade, mas prefiro ultrapassar os 12 mil e fico feliz de verdade quando supero os 14 mil. Ou seja, minha tendência mensal atual é cumprir a meta de 9,5 mil passos quase todos os dias, mas vou além e atinjo 12 mil em cerca de dezoito dias e uns 14,5 mil passos em dez dias. Não há constância ou precisão que me façam lembrar do número de passos que dou diariamente sem que eu use o podômetro instalado em meu smartphone. Se eu dependesse apenas da minha memória, os dados da minha autoavaliação seriam totalmente não confiáveis. E tudo bem que seja assim: devemos delegar essas tarefas monótonas aos robôs de bolso.

Por que escolhi essas metas? Bom, em parte porque o aplicativo que uso no smartphone permite que eu compare a minha performance com a de um grupo populacional que usa o mesmo aplicativo de forma mais geral. No meu caso, sabendo o quanto uma atividade física é importante para a saúde, considero satisfatório garantir que eu regularmente esteja pelo menos entre os 20% melhores daquele grupo que usa o mesmo modelo de smartphone que eu e com o mesmo aplicativo nativo instalado. Essa é uma meta razoável? Bom, sem conhecer os dados de nível populacional que Althoff e seus colaboradores coletaram, eu teria que me conformar com tendências específicas capturadas apenas pelo aplicativo do meu smartphone. Parece que não é esse o caso e, além disso, parece que as minhas próprias metas de passos são razoáveis (pelo menos em comparação com outras).

* * *

Além dos benefícios para a saúde, caminhar oferece diversos outros para o cérebro, o corpo e o comportamento, que exploraremos ao longo deste livro. Também vamos falar de muitos poetas e escritores que produziram obras expressivas sobre as maravilhas do caminhar como um estímulo para o humor, a criatividade e o pensamento. Os escritores estão entre os melhores em reconhecer as virtudes e as recompensas essenciais e intrínsecas da atividade. Um poeta que sempre leio e releio é T. S. Eliot. Acho que sua poesia tem uma cadência e um ritmo extraordinários, principalmente quando lida em voz alta. O seu ótimo poema modernista *A canção de amor de J. Alfred Prufrock* (de 1915) é uma jornada a pé e uma viagem através de distintos estados de espírito. É um poema que imprime o ritmo de uma caminhada urbana longa, sem rumo certo, conforme a noite cai. Os primeiros versos são um convite a caminhar pela cidade:

> Vamos então, tu e eu,
> Quando a tarde se estende contra o céu
> Como na mesa um doente sob anestesia;
> Vamos a caminhar nessas ruas vazias,
> Refúgios murmurantes
> De noites sem repouso em hotéis baratos de pernoite
> E desses restaurantes
> Juncados de conchas de ostra e serradura: [...][*]

* Tradução de Idelma Ribeiro de Faria. *In*: ELIOT, T. S. *Poemas 1910–1930*. São Paulo: Massao Ohno Editor, 1985, p. 5. (N. T.)

Eliot estende um convite a um outro, que não fala nem é visto, para caminhar com ele à noite, para explorar a pé as áreas baixas da cidade, próximas ao mar. A jornada a pé é essencial para as cadências do poema. Ao outro que não é visto, Eliot não pede que pedalem juntos, que peguem um táxi, que viajem de trem. É um convite para andar.

Caminhar oferece tipos de experiência que são negados a outras formas de transporte, por mais atraentes que possam ser. Haverá paisagens, conversas, o som dos outros, os cheiros dos fumantes de cachimbo solitários encostados nas janelas, que serão vistos "ao escurecer [...] pelas vielas".* A sensação é que Eliot conversa consigo enquanto caminha. Há uma indefinição entre os mundos internos e externos enquanto Eliot, como Prufrock, segue vagando. O poema é um tributo notável, embora indireto, ao caminhar e ao perambular nos mundos urbano e social; o ritmo do caminhar nos leva por uma noite imaginada.

"Vamos então", como Eliot diz, e agora exploraremos a maravilha que é caminhar e todos os seus aspectos: a ciência, a história, as interações complexas de ossos, músculos e nervos, tropeçando, indo sem pressa, vagando, perambulando, passeando, marchando, a passos largos, salteando.

A viagem nos levará da África antiga à mecânica do movimento, para dentro dos recantos mais íntimos do cérebro enquanto ele mapeia o globo, em direção ao caminhar coletivo e planejado na intenção de mudar o mundo.

* Ibid., p. 9. (N. T.)

2.

A marcha africana

Vamos começar nossa história do caminhar com um organismo marinho simples: a ascídia, também chamada de seringa-do-mar. O ciclo de vida da ascídia apresenta excentricidade.[1] Ela é uma criatura que vive em piscinas naturais formadas nos recifes e que, na primeira fase da vida, tem apenas um olho básico conectado a um cérebro simples que, por sua vez, se liga a uma medula espinhal também simples, características que a tornam, na prática, um pequeno ciclope vertebrado aquático. O fato de ter uma medula espinhal a coloca no mesmo grupo de animais que humanos, gatos, peixes, pássaros e outros membros do filo *Chordata*, nome dado à ascídia por sua classificação biológica. Durante a fase larval (período inicial e ainda imaturo do seu desenvolvimento), ela flutua livremente e pode nadar, caçar e manter a homeostase, que é a capacidade de um organismo de conservar um ponto de ajuste determinado para ficar vivo (é um processo de termorregulação semelhante ao de um termostato, que fixa o calor em um grau específico —

o ponto de ajuste — para manter a casa aquecida). Quando está com fome, a ascídia larval caça e se alimenta, retornando a uma homeostase nutricional.

Ela também pode manter o equilíbrio enquanto nada. Sustentar a parte inferior do seu abdômen macio próximo ao leito marinho oferece maior proteção contra os predadores, por isso ela sabe qual direção é para cima ou para baixo. A ascídia larval se mantém equilibrada utilizando um estatocisto — uma esfera de células oca (um saco) revestida de pelos sensoriais que se conectam ao seu cérebro por meio de nervos. Dentro do saco há o que parece ser uma bola de gude pequena, uma massa mineralizada conhecida como estatólito. Obedecendo à lei da gravidade, o estatólito rola em contato com os pelos para o fundo do saco, um pouco como uma bolinha de gude rolaria dentro de uma bola de tênis virada pelo avesso. Essa posição sinaliza para a ascídia larval que ela está na postura vertical correta, com a barriga voltada para o leito marinho. Se o estatólito rola para longe desse ponto de equilíbrio, os pelos sensoriais ativados informam que a postura foi alterada, e ela então se endireita.

Depois de um tempo, a ascídia passa para a fase adulta e sofre uma transição do estágio larval para o fixo, momento em que se prende a uma rocha que considere adequada à sua sobrevivência na nova etapa. No novo ambiente, consome seu próprio semicérebro, sua medula espinhal e seu olho, pois não necessita mais deles; simplesmente, ela reabsorve essas células e as usa como alimento. O animal se torna pouco mais do que um estômago com alguns órgãos reprodutivos anexados.[2] É um organismo vegetativo que filtra qualquer partícula de alimento que resvale casualmente em seus microfilamentos. Nessa etapa, em que não se movimenta, não precisa mais de um "cérebro".

As anêmonas-do-mar, ou actínias, têm um ciclo de vida similar ao das ascídias, embora ainda mais simples: elas deixam de ser pólipos que se movem livremente e se fixam a uma rocha, absorvendo as próprias ramificações nervosas que funcionam como um cérebro básico, embora difuso.[3] O padrão inverso é observado em certas espécies de água-viva: elas se fixam a rochas quando ainda são pólipos imaturos, e seus tentáculos flutuam na água;[4] conforme crescem, se tornam flutuantes e começam a desenvolver uma rede neural sofisticada que lhes permite executar movimentos padronizados, atacar a presa e ingerir alimento.

A lição principal que aprendemos aqui é clara: os cérebros evoluíram para o movimento. Se for ficar preso, imóvel, em um único lugar, cercado dos alimentos de que necessita, então por que precisa de um cérebro complexo?

As árvores não têm cérebro, nem os animais sésseis (que não se mexem). No entanto, se o indivíduo está em movimento, rondando em busca de alimento ou de companhia, ou procurando um abrigo, é preciso ter um cérebro. O mundo inteiro é complexo e nos apresenta uma infinidade de problemas que devem ser resolvidos com rapidez. Precisamos de um cérebro para controlar o movimento que nos direciona a possíveis fontes de alimento, abrigo e companhia, e o que nos afasta de predadores. Esse cérebro também tem que aprender a reconhecer quando o alimento é bom, seguro e comestível e, então, direcionar os movimentos do corpo para que seja capturado ou colhido.

Para a ascídia móvel, o movimento permite que ela ocupe um nicho ecológico específico, que fica livre quando ela se torna séssil. Isso também vale para a anêmona; ela deixa de se mover e desocupa um nicho ecológico. Por outro lado, a água-viva inverte essa jornada ao abandonar um estilo de vida séssil em favor de um móvel. Nós, humanos, temos uma jornada similar:

somos indefesos e quase imóveis ao nascer, mas desenvolvemos habilidades que nos permitem engatinhar e, com o tempo, ganhamos autonomia por meio da capacidade de andar. Para os habitantes marinhos, nadar é a forma mais elementar de movimento, que lhes proporciona a leitura necessária de seu nicho ecológico para sobreviver.

Locomover-se, ir de um lugar para o outro, é um problema que tem que ser resolvido de alguma forma quando se é uma espécie móvel. Um método é se deixar levar pelas correntes marítimas. Se a espécie for mais ativa, será que ela talvez prefira se deslocar na água com nadadeiras, se contorcer, deslizar e serpentear pelo leito oceânico ou, quem sabe, usar seus tentáculos para tomar impulso no fundo do mar? Soluções diversas surgem das profundezas de nosso passado evolutivo nos mares e nos oceanos do mundo. O método de locomoção da ascídia larval, por exemplo, é propulsionar sua nadadeira caudal com movimentos rítmicos. Outro método para se movimentar é caminhar: colocar as extensões do corpo em contato com um substrato sólido o suficiente (uma rocha, um solo arenoso...) para sustentar um impulso.

Na água ou na terra, esses métodos de movimento utilizam uma combinação de tecidos moles (músculos e afins) ligados aos ossos. Normalmente, os tecidos moles não se petrificam, por isso é comum estarem ausentes no registro fóssil. A abordagem histórica usada para entender o nosso passado evolutivo se baseia na reconstrução de fósseis e na inferência de padrões de relação prováveis e divergências entre espécies distintas. Essa abordagem apresenta limitações, entre as quais a não menos importante que decorre da perda de tecido ligado aos ossos. De fato, é muito difícil descobrir quais seriam as funções prováveis dos tecidos moles quando eles não existem mais.

De vez em quando, porém, outros tipos de fósseis aparecem: os "fósseis de traços" (icnofósseis) fornecem uma impressão do passado, como pegadas na areia. Alguns são aparentes por causa dos pontos em comum nos genes compartilhados com outras espécies. Caminhar nos conecta ao nosso passado evolutivo mais remoto; algumas vezes temos a sorte de vislumbrar restos fósseis da própria caminhada. Com frequência, ela ocorreu no chamado "tempo profundo", tão distante que está muito além de nossa experiência humana limitada, embora não de nossa compreensão. Esse é um tempo medido em dezenas ou centenas de milênios, não em anos ou em décadas.

Uma fêmea bípede tem um papel importante na reconstrução de nosso passado evolutivo remoto. Ela é chamada de "Eva" devido à luz que lançou sobre a história da evolução humana. Suas pegadas talvez sejam as primeiras da espécie a ressurgirem fossilizadas do tempo profundo. Do tipo "fósseis de traços", fornecem pistas sobre a altura, o peso e o modo de andar, como também sobre o formato dos pés (morfologia), da fêmea primitiva, dados que podem ser comparados aos dos humanos modernos. Tais dados são o que restou de uma mulher jovem que, há cerca de 117 mil anos, andou pelas margens da Langebaan, uma lagoa de água salgada onde é hoje a província sul-africana do Cabo Ocidental, vizinha ao oceano Atlântico.[5] O lugar não é tão diferente hoje do que pode ter sido há milhares de anos. A "Eva andarilha" ainda poderia se guiar pelas estrelas, pois ali não há poluição luminosa; o contato da areia sob os seus pés causaria quase a mesma sensação de antes; as águas azuis, as praias arenosas e as montanhas distantes lhe pareceriam familiares. Ela deixou apenas três pegadas na lama, que foram aleatoriamente cobertas por uma tempestade de areia seca e, por isso, ficaram preservadas para que pudéssemos nos maravilhar após gerações.

Novas formas de compreendermos o nosso passado evolutivo também se tornaram possíveis por causa de tecnologias genômicas modernas que, quando combinadas a estudos detalhados de anatomia e paleontologia, apresentam uma escala de tempo provável de como e quando surgiram os genes que controlam o caminhar dos mamíferos modernos. Quando T. S. Eliot escreveu em *A canção de amor de J. Alfred Prufrock* que "Devia ser eu um par de garras laceradas/ Em fuga pelo chão de mares silenciosos",* ele estava mais perto da verdade do que poderia imaginar. A ciência da genética revelou que o complexo gênico que governa o caminhar, por meio do controle do desenvolvimento e da modelagem de músculo, tendão, nervo e osso, já estava presente nos horizontes mais remotos do tempo evolutivo. Esses estudos ensinam uma lição bem clara: apesar de revolucionária ao desenvolver métodos de adaptação, a evolução é uma engenheira muitíssimo conservadora quando encontra soluções que funcionam.

Caminhar (seja em terra, seja no leito marinho) consiste na extensão e flexão de músculos em sequências alternadas, um padrão rítmico controlado por células nervosas da medula espinhal. Nos mamíferos, caminhar implica uma combinação de músculos extensores e flexores para alongar e contrair os membros. Um processo não muito diferente acontece nas nadadeiras dos peixes, o que permite que eles nadem. Será que essa semelhança superficial sugere uma relação mais profunda, talvez genética, entre as duas espécies? Hoje, está se tornando

* Tradução de Idelma Ribeiro de Faria. *In*: ELIOT, T. S. *Poemas 1910–1930*. São Paulo: Massao Ohno Editor, 1985, p. 5. (N. T.)

evidente que a evolução dotou tanto os peixes quanto os mamíferos com um programa genético inerente ao movimento, mas adaptado à forma específica de movimento desses animais díspares. O programa é semelhante em ambas as espécies: circuitos neurais controlados no âmbito da medula espinhal dão origem a "geradores de padrão central" (GPCs) biológicos que, por sua vez, geram movimentos musculares ritmados.

A evolução mediante seleção natural sugere a existência de vínculos genéticos fortes entre todas as espécies.[6] Esses vínculos devem se estender ao controle do movimento e da caminhada, e de fato se estendem, como veremos. A análise dos genes de espécies muito díspares confirma que esse é realmente o caso. Primeiro, vamos pegar um exemplo simples dessas semelhanças: o funcionamento de uma célula individual.[7] Em um nível funcional simples, a economia interna de todas as células que formam o nosso corpo e o de outras espécies — de vermes a peixes e macacos — deve solucionar problemas muito parecidos: afastar os invasores (as fontes de infecção); receber os nutrientes; remover os resíduos; manter um equilíbrio de fluidos estável; e todos os inúmeros outros aspectos necessários para se manter vivo. Além disso, as células não devem se tornar cancerosas: devem parar de se dividir e morrer quando for conveniente. Essas funções celulares essenciais são apoiadas e sustentadas pelo chamado "genoma mínimo", amplamente compartilhado pelos diversos tipos de células, bem como pelas várias espécies.[8]

O que podemos falar com alguma certeza é que as redes genéticas que controlam a locomoção também parecem estar muito conservadas em espécies diferentes. O aspecto aparente (ou fenótipo) de um animal pode ser bem distinto se comparado ao de outro, mas, no que se refere à arquitetura genética subjacente (ou genótipo), ambos são substancialmente similares. É possível testar essa hipótese se examinarmos os genes que controlam funções análogas em espécies muito díspares e depois observarmos o grau de semelhança ou de diferença entre eles. Por exemplo, os genes que apoiam os circuitos neurais que controlam a locomoção são similares em todos os animais terrestres? Isso é fácil de comprovar, já que todos eles evoluíram de um mesmo ancestral tetrápode (que tem quatro patas) — e, portanto, a resposta é "sim".[9] Talvez seja mais interessante testar semelhanças entre espécies que vivem e se movimentam em ambientes muito diferentes: na terra e no mar.

Os genes que controlam a expressão desses circuitos são conhecidos como "Hox". Eles têm a função principal de controlar a sequência em que os segmentos corporais vão surgir durante o desenvolvimento embrionário. A semelhança desses genes em espécies diferentes é tanta que os Hox de uma galinha podem ser colocados em uma mosca que ainda esteja se desenvolvendo (e isso ao mesmo tempo que os Hox do inseto são removidos), sem gerar qualquer alteração em seu processo de crescimento — muito embora o último ancestral comum das duas espécies tenha existido há mais de 600 milhões de anos.[10]

Em um estudo pioneiro, biólogos do desenvolvimento examinaram as redes de genes que apoiam os neurônios motores responsáveis pelo controle dos movimentos voluntários tanto das nadadeiras do peixe *Leucoraja erinacea* (conhecido popularmente como "raia-de-verão", um animal marinho de sangue frio e com nadadeiras bilaterais) quanto dos membros de um camundongo (obviamente, um mamífero de sangue quente, terrestre e tetrápode).[11] No experimento, a raia e o camundongo têm que resolver ao menos alguns problemas similares, sendo que um deles é particularmente importante:

o de como se movimentar. Ambos os animais têm medula espinhal e um padrão muscular e ósseo disposto simetricamente por toda a sua extensão. É claro que o camundongo não tem barbatanas, nem a raia conta com membros semelhantes aos do roedor, mas ambos podem se movimentar com eficiência e facilidade: um, ao andar pela terra; a outra, ao usar as nadadeiras traseiras para caminhar pelo leito marinho. Em comum com o camundongo (e, de fato, com os humanos), a raia apresenta alternância de movimento entre esquerda e direita, bem como o padrão de extensão e flexão necessário para caminhar. Portanto, é possível que exista algum programa genético subjacente que controle o movimento comum entre as duas espécies. Pernas e nadadeiras conectadas à medula espinhal devem vir em pares simétricos, para que possam ser úteis na natação ou na caminhada.

Essa pesquisa mostra que esses genes surgiram há pelo menos 420 milhões de anos — período em que existiu o último ancestral comum do camundongo e da raia. A rede de genes que apoia a expressão desses circuitos neurais é comum entre as duas espécies, que têm membros (os camundongos) e nadadeiras (as raias) emparelhados igualmente. Essa rede é tão completa que codifica não apenas a expressão dos músculos relevantes, mas também os nervos que se irradiam da medula espinhal para inervar esses músculos. Por sua vez, apoia e executa o padrão de excitação repetida e inibição recíproca necessário para controlar os movimentos emparelhados de nadadeiras e de membros que permitem respectivamente o caminhar pelo leito marinho e por terra. Esses circuitos estão, segundo o jargão científico, "conservados" em espécies que foram separadas pelo tempo profundo evolutivo. De uma raia-de-verão no fundo do mar a um tetrápode que vive na beira da água, passando por um camundongo quadrúpede até chegar a um humano bípede: as mesmas redes de genes nos unem em uma trama comum e através de períodos de tempo quase inimagináveis.

Assim, os programas genéticos necessários para caminhar estão presentes em duas espécies muito distintas. Além disso, a raia e o camundongo compartilham um programa genômico que apoia o movimento do corpo mediante um mecanismo molecular também comum entre eles — o programa regulador do gene Hox. Obviamente, há algumas diferenças de expressão entre as espécies, visto que as nadadeiras têm músculos de tamanho e formato diferentes dos que existem nos membros de camundongos, embora não sejam distintos no que diz respeito à quantidade de músculos e à disposição de ossos relevantes da medula espinhal controlados pela rede Hox. De forma inequívoca, a conclusão desse estudo sugere que as redes de gene que controlam o movimento dos membros — seja caminhando no leito oceânico ou em terra — são comuns em todos os animais que usam extremidades emparelhadas (pernas ou nadadeiras) para andar. Daí se deduz, portanto, que as redes de gene necessárias para poder caminhar sobre a terra surgiram, de fato, primeiro na água e antes que a terra fosse colonizada por tetrápodes. A conclusão surpreendente, maravilhosa e que contraria a intuição é que os genes para caminhar parecem ter evoluído, em grande parte, ainda dentro d'água, e não em um peixe que já havia emergido e se adaptado à vida nas margens de sistemas aquáticos, onde a seleção natural poderia ter favorecido o surgimento de barbatanas capazes de tracionar na lama encharcada.

A lição mais ampla da evolução é, portanto, a seguinte: a seleção e a modificação de adaptações preexistentes, com a preservação de seus principais componentes em termos de morfologia estrutural, parece ser a regra. A evolução não é apenas um relojoeiro cego, como disse o biólogo evolucionista Richard Dawkins, mas também conservador, pois mantém o que funciona por períodos de tempo inimagináveis — mas que certamente são inteligíveis, calculáveis e mensuráveis —, ao utilizar a mesma receita de sucesso várias vezes em uma espécie após a outra.[12]

O nosso passado remoto tem outra história incrível sobre caminhar, que reúne todos esses elementos e diz respeito a um animal tetrápode que viveu há cerca de 380 milhões de anos. Os tetrápodes são os primeiros vertebrados de quatro patas a existirem no planeta.[13] De acordo com a terminologia científica, seus membros posteriores e anteriores são respectivamente chamados de *pes* e *manus* (palavras em latim que significam "pé" e "mão"). Um rastro de tetrápode é um icnofóssil (ou fóssil de traço) que preservou as pegadas do animal, da mesma forma que as humanas foram preservadas nos icnofósseis da lagoa Langebaan (e em outros locais pelo mundo). De ocorrência muito rara, um desses rastros foi descoberto em 1992 por um estudante de geologia, o suíço Iwan Stössel, na ilha de Valentia, que fica próxima à costa do condado de Kerry, na Irlanda.[14] Essas pegadas são o conjunto mais antigo, abrangente e extenso do mundo — e, como estavam na Irlanda, é claro que eu tinha que ir até elas.

O rastro de tetrápode está em um cenário bonito, com vista para as pequenas ilhas conhecidas como Skellig (a maior delas, Skellig Michael, serviu de locação para o esconderijo de Luke Skywalker em dois filmes da saga *Guerra nas Estrelas*). No dia em que eu e minha filha visitamos o local, o mar estava muito agitado e com ondas altas quebrando nas rochas. Uma cerca simples de cabos de aço delimita as pegadas e uma placa com o desenho de um tetrápode marca o sítio arqueológico (minha filha comentou que o animal desenhado parecia ser o resultado do cruzamento de uma iguana com um ornitorrinco de cauda vertical, em vez de horizontal).[15] As marcas indicam que os seus membros anteriores (*manus*) com certeza eram menores do que os posteriores (*pes*), e que o seu padrão de locomoção seria o de alternância entre flexão e extensão nos quatro membros, o que permitiria que o animal avançasse com rapidez.

Os rastros são impressionantes e se estendem por vários metros e em direções diversas. A hipótese é que as pegadas sejam de um tetrápode que, há cerca de 380 milhões de anos, caminhou ao longo do leito de um rio que estava secando. Uma série de cálculos mostra que a criatura deveria ter um metro de comprimento, aproximadamente. A trajetória inscrita pelo tetrápode pouco informa sobre o que o animal fazia quando deixou as pegadas no local. Apenas podemos especular se ele andava tranquilo e sem destino sob o sol ou rastreava uma presa em silêncio. No entanto, olhar para as pegadas de um período remoto do tempo geológico é uma experiência disciplinadora e carregada do senso de conexão que existe entre todas as espécies do planeta. Em especial, o fato de ser concreta a semelhança óbvia entre o tetrápode vertebrado e outros vertebrados terrestres, que também caminham, andam sem destino, vagueiam, se arrastam e correm. Não é tão difícil imaginar que em algum momento poderia surgir um descendente bípede, principalmente porque agora sabemos que os genes necessários para controlar nossa locomoção já existiam em nossos ancestrais comuns mais remotos.

* * *

Nós, humanos, somos fascinados por nossas origens, um sentimento que é justo e compreensível. Amamos saber quem são os nossos parentes, desejamos conhecer os nossos antepassados e também atribuímos características humanas (antropomorfismo) e nos identificamos de imediato com os nossos primos próximos, em particular os chimpanzés, orangotangos e outros primatas não humanos. A relação que temos com os chimpanzés é muito próxima, e reconhecemos isso, por exemplo, por meio de leis de proteção que proíbem que eles sejam usados como cobaias em laboratórios e caçados na natureza. O estudo de sua anatomia e o da nossa torna evidente a existência de vínculos muito fortes de estrutura e funcionamento corporal, como também de variações e diferenças. No que diz respeito ao nível genético mais básico, o genoma humano e o do chimpanzé apresentam uma diferença percentual muito pequena.

Contudo, é óbvio que também existem muitas diferenças significativas entre as duas espécies. Na ampla família dos primatas, os humanos são os únicos a apresentar o bipedalismo "exclusivo". Ainda bem cedo, passamos pela transição postural do engatinhar estável para o caminhar ereto em um período de poucos meses e mantemos essa postura mesmo diante de uma lesão. As lesões que nos paralisam e nos tornam incapacitados para controlar a própria locomoção são corretamente identificadas como "fatores limitantes" de atividades simples do dia a dia (daí o reconhecimento necessário da acessibilidade por cadeiras de rodas para pessoas com mobilidade reduzida). Políticas ambientais e urbanas podem melhorar a vida de pessoas com mobilidade reduzida: aquelas que se locomovem em cadeiras de rodas ou com muletas; que usam bengalas ou têm próteses de membros; ou aquelas com doenças neurológicas. Tais políticas garantem que todos possam participar ao máximo da mobilidade urbana em nossas sociedades, e assim se tornarem mais dignos e livres.

Os humanos apresentam uma forma exclusiva de bipedalismo animal. Ficamos de pé, com as mãos livres e móveis e a coluna em posição mais ou menos vertical em relação ao chão no qual os nossos pés estão apoiados. Em termos evolutivos, a nossa linhagem é bastante complicada e um tanto obscura, embora as respostas para questões importantes sobre a evolução do bipedalismo humano tenham começado a surgir com mais rapidez por volta das últimas décadas. Caminhar nos conecta à nossa jornada evolutiva — a jornada para andar ereto, com as mãos livres, a cabeça erguida e a coluna vertebral perpendicular ao chão.

Nenhum dos nossos parentes primatas que ainda existem caminha ereto como nós. Com certeza, não os grandes símios — chimpanzés, orangotangos e outros —, embora eles possam se elevar sobre os membros posteriores, e o fazem, para se exibir, vigiar o entorno ou buscar alimentos.[16] Além disso, uma característica desses animais é usar os quatro membros para correr e andar. Esse é um método menos efetivo e que exige mais energia para se locomover do que o bipedalismo. Os humanos podem cobrir cerca de duas vezes a mesma distância e gastar a mesma quantidade de calorias que um chimpanzé, o que significa que o espaço que temos para podermos nos deslocar em busca de determinada quantidade de alimento é muito maior. Outra maneira de dizer isso é que o bipedalismo humano é mais econômico do que as formas de locomoção adotadas pelos nossos parentes primatas mais próximos. É claro que eles são muito bem adaptados ao nicho ecológico que ocupam. Várias espécies de símios são extremamente capazes e hábeis para escalar árvores e procurar frutos nas extremidades dos galhos mais altos, locais que nós, humanos, não podemos acessar com facilidade. Da mesma forma, a postura inclinada para a frente que lhes é característica possibilita que sejam coletores excelentes no solo, onde podem se alimentar de frutas caídas, castanhas e, ocasionalmente, pequenos animais.

Nós ocupamos um nicho intermediário: até certo ponto, podemos colher alimentos do solo e também pegar frutos das árvores. Porém, nos adequamos principalmente para a caça de outras espécies, muito por causa de uma adaptação conhecida como "caça de persistência", que nos permite perseguir e abater animais, sobretudo presas herbívoras (animais que se alimentam de plantas). Outra adaptação bipedal que temos é correr: apesar de atingirmos uma velocidade moderada, somos bons corredores de distâncias relativamente longas, sobretudo quando a temperatura é mais alta. Correr gera calor, demanda energia, e o corredor também requer uma quantidade grande de líquido para manter a temperatura do corpo resfriada por meio da transpiração. Comparado ao de outros mamíferos, o nosso corpo não tem tanto pelo, o que facilita a perda de calor, e essa característica física, combinada ao caminhar, nos permite atravessar longas distâncias a um custo relativamente baixo em termos de geração de calor e gasto de energia. Para se resfriar do aquecimento produzido quando corre, a maioria das outras espécies precisa descansar e respirar de modo ofegante e acelerado (cavalos são uma exceção, já que podem transpirar e resfolegar). Isso as coloca em risco de serem predadas pelos humanos: quando se deitam para resfriar o corpo, podem ser mortas, carneadas e ter seus pedaços transportados para o acampamento, onde serão assadas na fogueira — algo que nossos parentes mais íntimos, os primatas não humanos, são absolutamente incapazes de fazer.

Nós, humanos, também somos ótimos coletores de alimento: podemos pegar e carregar tubérculos, frutas, castanhas e hambúrgueres sem muito esforço e por grandes distâncias. Também podemos comer enquanto caminhamos, pois a posição de nossa garganta permite que o alimento desça para o estômago enquanto andamos sem rumo e com o olhar fixo no horizonte infinito — uma adaptação que poucos animais têm. Na verdade, como veremos, também existe um importante "fóssil de traço" (por assim dizer) evolutivo que é perceptível no equilíbrio que normalmente alcançamos entre ser ativo e conservar energia.

Correr e caminhar também são atividades muito próximas. Os humanos não são corredores especialmente velozes — em distâncias relativamente curtas, podemos ser ultrapassados com facilidade por várias outras espécies (pense, por exemplo, em tigres e gazelas) —, mas somos caminhantes excepcionais, talvez os melhores entre todas as espécies. Esse é o segredo que está por trás de nossa ampla dispersão pela Terra. Nós, humanos, somos a espécie que mais se espalhou, a que vive nos extremos do norte e do sul e em quase todo solo firme entre os polos. Caminhar possibilitou que explorássemos e ampliássemos os confins do planeta a pé, para depois embarcarmos em viagens marítimas, às vezes arriscadas, em busca da próxima ilha a ser desbravada — onde as nossas pegadas seriam novamente impressas.

Além disso, foi caminhando em pequenos grupos migratórios que realizamos o primeiro movimento de colonização do planeta — ou seja, a essência do nosso caminhar é social. Um provérbio africano reflete essa realidade ao ensinar que: "Se quer ir rápido, vá sozinho. Se quer ir longe, vá acompanhado".[17] Em uma caminhada lenta de cinco quilômetros diários — que um grupo familiar percorreria em poucas horas, se muito — é possível viajar um total de 1,5 mil quilômetros em trezentos dias. Faça isso por alguns anos e irá percorrer muitos milhares de quilômetros. Por exemplo, a maior distância exclusivamente terrestre do planeta vai da costa oeste da Libéria, no litoral atlântico da África, até a costa leste da China, no Pacífico, um trajeto de cerca de 13.589 quilômetros que pode ser percorrido em pouco mais de sete anos se andar os cinco quilômetros diários sem pressa. Se aumentar a meta para vinte quilômetros por dia, o tempo de caminhada cairá para um pouco menos de dois anos. No curso de algumas gerações, portanto, os humanos podem chegar praticamente a qualquer lugar caminhando sobre pontes terrestres naturais (os istmos) ou em locais onde possam transpor pequenos cursos d'água; talvez até visitar todas as ilhas de um arquipélago em barcos primitivos.

O *Homo sapiens* iniciou a migração da África há apenas 60 mil anos, provavelmente. Existe algum vestígio, coletado em Israel e em outros lugares, de uma dispersão (ou dispersões) anterior, mas, devido à falta de evidência fóssil completa, as hipóteses que tratam das múltiplas migrações africanas e da miscigenação entre distintas populações de humanos ancestrais que fundaram a nossa espécie se tornaram objeto de uma investigação intensa.[18] Há pouca dúvida, por exemplo, de que houve miscigenação entre os humanos modernos (*Homo sapiens*) e os neandertais (*Homo neanderthalensis*), já que o nosso genoma carrega a assinatura antiga deles.[19] As tecnologias genômicas modernas, aliadas às técnicas de busca por fósseis e de reconstrução anatômica, talvez possam dar respostas mais exatas e precisas nos próximos anos.

O registro fóssil humano é muito variado e, com muita certeza, bastante incompleto. Por exemplo, sabe-se que o bipedalismo surgiu completo e dominante em um momento bastante remoto da nossa história evolutiva, mas não se pode afirmar onde isso se deu, embora essa forma de locomoção seja, com certeza, um registro característico de fósseis coletados na África. Espécimes fósseis coletadas no Chade, no Quênia e em outros países africanos, que datam de 6 a 7 milhões de anos, parecem ser de um indivíduo bípede. Um fóssil de hominídeo primitivo coletado na Etiópia, batizado de "Ardi" (*Ardipithecus ramidus*) e medindo cerca de 1,3 metros de altura, também parece indicar o bipedalismo.[20] O renomado fóssil feminino conhecido como "Lucy" (*Australopithecus afarensis*) data de 3,1 a 3,2 milhões de anos.[21] Lucy era um australopitecíneo e tinha uma anatomia muito similar à dos humanos, principalmente no que diz respeito ao formato de sua pelve. Já o *Homo sapiens* surgiu como uma espécie diferenciada há apenas 300 mil anos, provavelmente.

O jeito humano de andar como um bípede requer mudanças ao longo do grande eixo do corpo, que vai da cabeça aos pés, passando pelo pescoço, coluna vertebral, pelve e pernas. Para que o caminhar bípede seja eficiente, essas partes distintas devem se posicionar na vertical (aproximadamente). Quando se pensa na posição e orientação do cérebro e do crânio, convém também considerar a posição e a orientação da pelve. Cérebro, crânio e pelve estão conectados via medula espinhal que, por sua vez, é protegida pelas vértebras da coluna. Mudanças na posição relativa da medula, para que sua orientação seja mais vertical, também devem implicar mudanças coordenadas nas posições do cérebro e da pelve. Na base do crânio há uma abertura larga e mais ou menos circular — o forame magno —, por onde a medula passa, seguindo o caminho para inervar o corpo, até alcançar a sua posição final dentro da matriz dos ossos pélvicos. A orientação mais ou menos vertical dessa abertura permite que fiquemos eretos, perpendiculares ao chão. Em outras espécies, o forame magno ocupa uma posição mais para trás ou posterior. Nos animais quadrúpedes que têm a medula espinhal paralela ao chão, essa abertura está bem na parte de trás do crânio.

A posição relativa do forame magno se modificou muito nos primatas e ainda mais nos humanos. Sem esse reposicionamento, seria quase impossível ter uma postura ereta ou seria no mínimo difícil mantê-la por períodos longos. Além disso, o bipedalismo natural dos humanos seria impossível. Portanto, ficar ereto sobre os dois pés e caminhar implica mudanças na posição relativa de ossos das extremidades superior e inferior da medula espinhal: em cima, para permitir que a medula desponte da base do cérebro; e embaixo, para permitir que ela se acomode na posição vertical correta na rede de ossos pélvicos. Obviamente, esse quadro indica dois aspectos: primeiro, uma consistência do desenvolvimento e da seleção de planos anatômicos específicos ao longo do tempo; e segundo, de maneira mais profunda, uma variação no padrão dos genes Hox que permite que essa modificação apareça simultaneamente ao longo de todo o eixo da medula. As pressões de seleção natural que deram origem ao bipedalismo nos humanos continuam sendo objeto de debate e pesquisa — elas incluem fontes disponíveis no meio ambiente e também suas demandas físicas (tais como a presença de cursos d'água, linhas de árvores, campos abertos, montanhas, vales etc.), e outros fatores, como o tipo de predadores no local ou a abundância de caça. Essas pressões levaram à seleção dos genes necessários à codificação dos diversos aspectos do bipedalismo.[22]

O bipedalismo humano difere do de outras poucas espécies que são bípedes ocasionais (alguns tipos de ratos e camundongos, pássaros e marsupiais) porque se desenvolve a partir da postura do engatinhar que os humanos adotam logo nos primeiros meses de vida. Em consequência, nossos pés e tornozelos evoluíram para sustentar a forma de bipedalismo que praticamos. Não somos arborícolas, logo não precisamos de um hálux (o popular "dedão" do pé) opositor para nos auxiliar a subir em árvores e atividades afins. Obviamente, muitas espécies são bípedes transitórios. Os ursos e os grandes símios muitas vezes se erguem sobre as patas traseiras para se exibir ou para ficar em posição de ataque ou de defesa; outros ficam de pé para buscar alimento ou adotam uma posição ereta, como fazem os suricatos e algumas outras espécies, para ficarem atentos aos predadores. Essas posturas bípedes não são habituais nem obrigatórias, mas uma reação ao desafio que o animal enfrenta naquele momento. Caminhar também permite a captura e a adaptação gradual de outras espécies às nossas necessidades, como gado, cachorros, ovelhas, cavalos e camelos. O gado, em particular, exibe um padrão de coadaptação ao longo do tempo que reflete claramente os desejos humanos: eles produzem muito mais leite e carne hoje do que os seus ancestrais primitivos teriam produzido (enquanto nós, por outro lado, passamos a desenvolver tolerância à lactose).[23]

O bipedalismo implica mudanças por todo o eixo do corpo humano, desde o formato e a posição da cabeça até o comprimento e a posição relativos dos dedos dos pés. Os nossos pés mudaram de formato e os nossos tornozelos agora suportam um peso muito maior. Pesquisas científicas recentes sugerem que, ao longo de muitos milhares de anos, o pé humano deixou de ser preênsil (tinha propriedades flexoras como às da mão, com o dedão em posição opositora similar ao polegar) ao passar por adaptações que favoreceram uma anatomia mais apta para caminhadas de longa distância e corridas (com o dedão alinhado aos outros dedos do pé e um arco longitudinal que favorece a pisada flexível para a frente).[24] As pegadas da Eva andarilha na lagoa Langebaan parecem revelar uma forma de andar bípede comparável à dos humanos modernos.[25] O antropólogo e biólogo evolucionista Herman Pontzer afirma que os primeiros hominídeos eram bípedes, mas apresentavam certas características semelhantes às dos símios, desde suas fisionomias até a estrutura de seus membros posteriores.[26] O registro fóssil disponível atualmente é suficiente para validar a opinião de Pontzer, mas é necessário que novas descobertas fósseis surjam para definir a data exata de quando surgiu o primeiro hominídeo com os pés iguais aos do humano moderno.

Uma diferença marcante entre os humanos e os chimpanzés é que a distância que alcançamos a pé é maior do que a que eles alcançam; na verdade, do que a que *todos* os outros primatas com quem temos parentesco alcançam. Essa capacidade de percorrer grandes distâncias sugere a existência de mudanças na maneira como processamos a energia durante o caminhar e como a conservamos quando descansamos. A pergunta é, obviamente, como essa adaptação surgiu e que uso fizemos dela conforme evoluíamos. Seria um erro pensar na capacidade de alcance e no bipedalismo como características independentes uma da outra. Conforme a transição para o andar bípede avançou, a distância que percorríamos também se tornou maior, e isso amplificou, por sua vez, a seleção evolutiva em favor do bipedalismo. Essa expansão da distância caminhada oferece mais possibilidades de busca por fontes de alimento e por abrigo, além de permitir um excedente de energia disponível que pode ser aplicado a outras funções, sendo as mais óbvias a reprodução, o desenvolvimento pós-natal de um cérebro muito maior e o prolongamento do período da infância.

As mudanças na expressão genética que nos tornaram bípedes permitiram que desenvolvêssemos, ao longo de eras, um padrão exclusivo de dispersão desde nossas origens no Grande Vale do Rift (ou Vale da Grande Fenda), no leste da África. Em um primeiro momento, nos espalhamos por todo o grande continente africano, depois pela massa terrestre eurasiana e, enfim, pelas Américas e pela região da Ásia-Pacífico, de onde seguimos para a Australásia. É possível que essa jornada tenha se repetido várias vezes, o que permitiu o encontro e a miscigenação com os nossos ancestrais.

A jornada evolutiva que experimentamos nos marcou de várias formas. Somos adaptados para caminhar com a postura ereta, o que nos torna coletores de alimento excelentes por estarmos com as mãos livres e móveis. Nossa herança evolutiva atinge um equilíbrio ideal entre a quantidade de atividade que realizamos e o modo com que conservamos energia. Como todos os outros animais, os humanos se movimentam pelo mundo de uma maneira que busca otimizar o gasto energético. Esse é um compromisso evolutivo importante: procurar por alimento (fontes de energia) significa gastar a energia que estava armazenada. Saber alcançar um equilíbrio entre o gasto, a conservação e o ganho de energia — minimizando o esforço empregado para encontrar e colher alimentos — tem um valor significativo para e adaptação evolutiva, mesmo que pareça inadequado ao mundo moderno. Hoje, atingimos um equilíbrio muitas vezes precário entre gastar energia por meio de movimento (principalmente caminhando) e conservá-la ao ficarmos sentados ou deitados. A relação entre atividade, consumo de alimento e peso é complicada, já que o corpo conta com diversos mecanismos de regulação para garantir que o peso corporal, uma vez alcançado, permaneça estável.

Os caçadores-coletores (como os indígenas tsimane) caminham diariamente por todos os lugares e, muitas vezes, por distâncias bem longas em busca de alimento e água, ao mesmo tempo que carregam armas, ferramentas e crianças de colo. Uma forma de abordar a questão sobre qual é a relação natural — em outras palavras, evolutiva — entre nosso peso corporal e os níveis de atividade é tentar observar qual é essa relação em humanos que ainda mantêm um estilo de vida de caçador-coletor, com as longas caminhadas que sua rotina exige. Existem relativamente poucos caçadores-coletores vivendo em partes do mundo mais ou menos acessíveis. O estudo de suas rotinas pode abrir uma janela para o que a maioria de nós considera como "formas ancestrais" de atividade, mesmo que sejamos todos contemporâneos. Hoje, são poucas as pessoas que caminham longas distâncias para caçar o próprio alimento; a maioria não gasta sequer várias horas por dia para colher raízes e tubérculos ou procurar água potável.

Os hadza, do norte da Tanzânia, são um desses grupos de caçadores-coletores contemporâneos que tiveram sua rotina estudada por biólogos evolucionistas.[27] Entre outras formas de atividade, os pesquisadores examinaram a relação que existe entre o caminhar e o peso dessa população, e a compararam com a mesma relação observada em participantes selecionados de grupos demográficos norte-americanos e europeus. Os dados dos caçadores-coletores possibilitam investigar o que mudou em décadas recentes. Foi a nossa dieta ou o nosso nível de atividade? Ou ambos?

Os hadza mantêm mais ou menos a rotina do caçador--coletor tradicional. A tendência dos homens é a prática da caça persistente de animais de grande porte com lanças, arcos e flechas, e a das mulheres é a coleta de frutas, bagas, tubérculos e mel. Nesse estudo, um grupo de trinta participantes hadza usaram um sistema de rastreamento por GPS, e também passaram por medição e registro da altura e do peso, bem como do consumo e gasto diários de calorias. Algumas descobertas não surpreenderam. Os homens hadza caminharam uma média aproximada de onze quilômetros por dia, contra seis quilômetros das mulheres. A porcentagem de gordura corporal deles foi cerca de 60% dos níveis ocidentais, e nenhum dos hadza que participou do experimento era obeso. Em termos de medição do gasto energético diário, quando eram considerados o peso e a gordura corporal dos participantes, o gasto energético total dos hadza foi similar ao dos ocidentais. Isso foi comprovado tanto na medição por níveis de atividade, tanto na avaliação separada de homens e mulheres. Essa descoberta de que o gasto energético total era similar entre grupos étnicos distintos foi contrária ao que se esperava: a hipótese era que o hadza médio gastaria muito mais energia ao longo do dia do que um ocidental médio. Ao contrário, eles consomem menos energia (isto é, eles se alimentam menos).

Mover-se pelo mundo, seja caminhando, pedalando uma bicicleta, correndo, nadando ou praticando qualquer outra atividade, demanda energia. Isso exige que ela seja captada (pela digestão do alimento ingerido), estocada e queimada, conforme a necessidade. Os humanos são preguiçosos no sentido muito específico de querer minimizar a queima (ou gasto) de energia para qualquer quantidade determinada de movimento. Em geral e de forma automática, o caminhar bípede humano minimiza o gasto energético enquanto maximiza a distância percorrida. De maneira empírica, parece que a nossa tendência é convergir para uma velocidade de caminhada que maximize a quantidade de movimento que podemos realizar para determinado gasto energético. De maneira experimental, como é possível provar que isso seja verdade?

Um método de experimentação é equipar voluntários com pernas de exoesqueleto, que são estruturas mecânicas configuradas para facilitar ou dificultar o caminhar. O modo como nos adaptamos às diferentes configurações do equipamento permite testar se os humanos se acomodam ou não a marchas específicas que minimizam a quantidade de gasto energético necessário para o caminhar. Se o exoesqueleto facilita o processo, podemos rapidamente adotar uma marcha que não exija muito de nós; deixamos o equipamento fazer o esforço. Da mesma forma, se ele cria resistência, podemos tentar andar mesmo com dificuldade, mas acomodados a uma quantidade mínima de esforço necessário para continuar a caminhada.

A neuroengenheira Jessica Selinger e seus colaboradores da Universidade de Stanford adotaram exatamente essa abordagem.[28] Os pesquisadores fixaram exoesqueletos articulados nas pernas dos participantes, e o equipamento era sistematicamente acionado para dificultar o método mais eficiente que eles adotassem para caminhar. Durante o experimento, os participantes também usaram máscaras para mensurar a quantidade máxima de oxigênio absorvido e processado (conhecido como VO_2 max). Os exoesqueletos foram projetados para fornecer graus diferentes de resistência ao movimento das pernas, a depender da frequência de passo do participante, e as caminhadas seriam feitas em esteiras com velocidade variável.

Em questão de minutos, eles logo se adaptaram às mudanças forçadas nos padrões de marcha e, uma vez ajustados ao novo andar ideal, puderam rapidamente se reajustar a uma marcha prévia que otimizou a queima de energia (medida pelo VO_2 max). A lição geral é que os humanos já adotam uma marcha mais econômica, do tipo que facilita o passo otimizado, para poupar a maior quantidade possível de energia. Essas adaptações são muito rápidas — bem mais do que se poderia prever a partir de mudanças nos níveis de oxigênio no sangue ou em outros indicadores internos, como alterações musculares. De todo modo, o que se sabe é que essas mudanças são lentas. Apesar disso, parece que os humanos são eficazes em fazer previsões com base em impulsos sensoriais periféricos, e usam essas previsões para modular diretamente a caminhada.

Embora o uso de um exoesqueleto robótico assistivo ajude a minimizar o gasto energético, existe uma questão mais geral: como recompensa após ter corrido grandes distâncias na esteira da academia, uma pessoa relaxa no sofá de casa e se sente ótima por ter feito o exercício, sem saber que os seus níveis gerais de atividade estão mais baixos nesse instante do que estariam se não tivesse ido à academia. Em termos evolutivos, o que o corpo de fato faz é induzir o mesmo relaxamento que leva alguém a descansar depois de ter participado de uma caça persistente. Essa inatividade induzida pelo exercício confunde o nosso entendimento padrão, que sugere basicamente que as calorias ingeridas, mais o exercício, mais a manutenção das funções corporais, devem equivaler às calorias gastas. Se as calorias ingeridas forem maiores do que as necessárias para o exercício e o metabolismo, então ganhamos peso.

A lição importante desses e de outros estudos é a seguinte: a solução para o problema da obesidade não está no simples aumento isolado dos níveis de exercícios, pois nosso processo evolutivo desenvolveu mecanismos comportamentais e fisiológicos que compensam esse aumento ao reduzir, como resultado do próprio esforço, a atividade subsequente. O aumento do gasto de energia não levará necessariamente a uma perda de peso substancial e duradoura. O essencial é contabilizar toda entrada e saída de energia, ou seja, precisamos saber como o corpo equilibra a ingestão, o armazenamento (isto é, o acúmulo de gordura) e o gasto de energia. Nós, humanos, somos uma espécie bastante onívora. Vasculhamos, caçamos e preparamos toda uma variedade de víveres. O fato de sermos flexíveis com relação às fontes e capazes de obter e preparar o alimento de diversas maneiras nos confere muitas vantagens adaptativas. Por exemplo, podemos comer no mesmo local onde encontramos a comida (vasculhando as sobras ou indo a um restaurante); podemos comer enquanto caminhamos (depois de comprar um lanche para viagem em alguma rede de fast food); ou podemos levar o alimento para casa, onde será preparado de várias formas (depois de matar algum animal selvagem que teve o azar de ficar na mira do seu grupo de caça, ou de ter ido ao supermercado para comprar uma variedade deslumbrante de produtos que aparecem no fim de uma cadeia de suprimentos com logística muito complexa).

Os alimentos ricos em gordura, açúcar e energia são adquiridos com facilidade nas economias de mercado ocidentais, mas essa não é a realidade dos hadza. Portanto, aumentar os níveis de atividade para que se igualem aos dos caçadores-coletores do norte da Tanzânia jamais será a solução direta e simples para a epidemia de obesidade que assola grande parte do mundo. Em vez disso, uma mudança no tipo, na qualidade e na quantidade de calorias que consumimos deve ser o principal objetivo de políticas públicas que buscam controlar o crescimento de problemas associados à obesidade.[29] Que fique claro: o meu argumento aqui não é contrário à atividade física nem a uma necessidade geral de aumento dos níveis de exercício. É óbvio que, para a saúde geral do corpo, o melhor é ser ativo e não o contrário. Ainda mais se a atividade for realizada em doses altas e com regularidade, dia após dia, semana após semana e ano após ano, durante toda a vida. A atividade física é central e vital para o controle da obesidade, mas é apenas uma parte desse processo. A ingestão de energia também é um elemento importante.

A atividade regular seria uma forma acessível de automedicação, já que o movimento é intrinsecamente bom para nós? O biólogo evolucionista Daniel Lieberman, da Universidade de Harvard, propõe um ponto de vista evolutivo importante sobre a relação peculiar que temos com a atividade física: ela é benéfica para nós, mas temos a tendência de evitá-la para conservar energia pelo simples fato de que foi assim que evoluímos. Até pouco tempo atrás, a atividade física era obrigatória e as fontes de alimento eram escassas. Como diz Lieberman, "os humanos evoluíram para se adaptar a quantidades moderadas e regulares de atividade física de resistência até uma idade avançada [...] uma vez que a energia gerada pelo alimento era limitada, os humanos também foram selecionados para evitar o esforço desnecessário".[30]

Considere o seguinte exemplo: muitos institutos nacionais de saúde e nutrição recomendam uma dieta diária média de até 2 mil calorias para as mulheres e 2,5 mil calorias para os homens, ambos adultos.[31] Para simplificar o cálculo, vamos definir o valor em 2,4 mil calorias diárias. Esse total sugere que a taxa de gasto calórico é de CEM calorias por hora, em média (o que inclui períodos de vigília e de sono, consideradas as 24 horas do dia). As calorias gastas devem atender a todas as necessidades do corpo: respirar, andar, pensar, digerir, secretar etc.

O próprio alimento precisa ser digerido para que os nutrientes sejam transportados por todo o corpo, das raízes do cabelo até as solas dos pés. Fazer a digestão do que comemos custa energia (calorias) — por exemplo, os alimentos ricos em fibras, com baixa densidade energética, custam mais para serem digeridos do que os altamente calóricos. O corpo humano tem que produzir calor para permanecer vivo (afinal, somos animais de sangue quente) e deve transportar os resíduos corporais tanto de maneira ativa quanto passiva — ou seja, expirar o dióxido de carbono pela respiração, evacuar os resíduos alimentares da digestão e excretar o excesso de líquido pelo suor e pela urina). A ingestão de calorias além do necessário significa que o excesso de energia tem que ser armazenado em algum lugar — e isso é feito na forma de gordura.

Exceto em casos como os dos hadza ou dos tsimane, a rotina da maioria de nós não exige que passemos muitas horas correndo atrás do pão de cada dia. Os dados de rastreamento dos smartphones revelam que, atualmente, a extensão de nossos movimentos se limita a alguns milhares de passos por dia, em média. Poderíamos e deveríamos dar muito mais do que esses poucos passos irrisórios. É claro que não existe uma relação direta entre calorias consumidas, exercícios e peso corporal, mas é evidente que a atividade física é essencial para a superação de problemas de saúde causados por nosso estilo de vida sedentário — e uma das principais lições deste livro é sair e caminhar bastante ao longo do dia, todos os dias. As recompensas serão maiores do que se pode imaginar.

3.

Como caminhar: a mecânica do andar

A atividade mais natural do mundo é caminhar. Porém, como executamos exatamente o movimento de colocar um pé na frente do outro de maneira tão segura, regular e rítmica?

A decisão de andar, correr, agachar, recuar — em resumo, de se mover — nasce no cérebro. É um processo descendente (de cima para baixo) que surge como um impulso a algum sinal de urgência externo ("Há perigo, corra e se esconda.") ou interno ("Comi demais, preciso sair para andar."). No caso do caminhar, os sistemas e circuitos cerebrais que comandam a tomada de decisão e a atividade motora geram o impulso de entrada descendente (*input*), que fornece a instrução para se mover e indica o tipo de movimento que deve ser feito. Em seguida, já na medula espinhal, as instruções são assumidas pelo circuito gerador de padrão locomotor, cuja tarefa é produzir um impulso rítmico de saída (*output*). Esse processo pode ser comparado à chave de um automóvel: ela aciona o motor, mas não participa do seu funcionamento ou do movimento do veículo, até ser novamente usada para desligar a máquina.

A coordenação dessa série de mecanismos é complicada e exige treinamento extensivo e muita prática. É por isso que a criança humana média passa um longo período engatinhando, tentando ficar ereta e se mover com equilíbrio, e começa a andar com independência por volta dos onze ou doze meses de idade. Com razão, aprender a andar é considerado um marco importante no processo de busca pela autonomia individual; e também para o desenvolvimento do cérebro.

Não chegamos ao mundo já prontos para caminhar. Comparado a nós, humanos, um potro que acaba de nascer é um caminhante extraordinário, pois se erguerá rapidamente sobre as patas cambaleantes. Isso é uma necessidade. A não ser que consiga se mover, e bem rápido, uma gazela recém-nascida é uma presa fácil para um leão faminto e preguiçoso. Em termos evolutivos, aqueles que não se moviam, que não podiam andar, tropeçar e, então, correr, viraram refeição de predadores famintos e preguiçosos. Já os que conseguiam se mover logo após o nascimento, em geral não foram devorados e puderam transmitir seus genes vantajosos às gerações seguintes. E, assim, a seleção natural ajusta outra peça da engrenagem evolutiva.

Já nós, humanos, viemos equipados com a propensão para caminhar, embora não tenhamos essa capacidade ao nascer. Ou seja, temos que aprender pela experiência e desenvolvendo os circuitos neurais maravilhosos que nos permitem caminhar por toda a vida. Aprender a andar — da mesma forma que aprender a falar, a ver ou a escutar — é um daqueles talentos humanos incríveis sobre o qual a nossa memória não fornece qualquer informação. É quase certo não termos lembrança do momento em que aprendemos a andar. Talvez seja possível lembrar uma queda grave ou, o que é mais provável, recordar que alguém nos contou sobre essa queda. Mas, além disso, e para quem não tem alguma dificuldade locomotora, aprender a andar é apenas algo que simplesmente podemos fazer. Os textos científicos e os manuais sobre desenvolvimento infantil nos informam pouco sobre como as crianças aprendem a andar. Embora leiamos sobre a idade em que elas começam a caminhar e quando devem atingir certos marcos de desenvolvimento (por exemplo, sentar com postura ereta, engatinhar sem ajuda ou tentar ficar de pé), há pouca informação sobre as transições entre esses estágios e o porquê de uma criança preferir abandonar a facilidade e a estabilidade do engatinhar para priorizar uma postura inerentemente mais instável e que a faz andar aos tropeços.

A psicóloga do desenvolvimento Karen Adolph e seus colaboradores pesquisaram a fundo a questão de como as crianças fazem a transição do engatinhar para o andar com facilidade em um período de tempo relativamente curto. Eles fazem uma pergunta bastante simples: "Como se aprende a andar?". A resposta elegante e bonita dos pesquisadores expressa a complexidade desse processo: "Aprende-se a andar dando milhares de passos e sofrendo dezenas de quedas todos os dias."[1]

Imagine tentar ensinar uma criança a andar por instrução verbal: "Dê milhares de passos por dia e caia bastante. Ah, e aprenda como não cair com essas quedas". Isso é impensável. Ou imagine tentar desenvolver uma linguagem de programação que faça um robô caminhar — novamente, um problema complexo. Não é óbvio saber por onde começar ou qual deve ser a estratégia de aprendizagem correta, mas existem pistas. Ao longo de nossa história evolutiva, houve uma tendência seletiva favorável a indivíduos que conseguiram aprender essa forma peculiar de locomoção com sucesso. Aqueles que eram desajeitados, que escorregavam, que caíam ou que foram capturados por descuido deixavam menos descendentes. Ocorre um "viés de sobrevivência" em favor dos que melhor se adaptaram ao bipedalismo, o que fez com que esse caminhar mais eficiente e eficaz se tornasse gradualmente dominante entre a população ao longo do tempo.

O grupo de Karen Adolph partiu da hipótese que sabemos relativamente pouco sobre como os bebês se locomovem, tanto em termos quantitativos quanto qualitativos. Não sabemos ao certo quanto tempo eles gastam engatinhando e andando, como fazem exatamente a transição do engatinhar para o andar ereto, o tanto que persistem, o quanto percebem como essa aprendizagem é intrinsicamente gratificante e estimulante. O que conhecemos é um pouco mais do que algumas regras básicas, e o que se entende sobre os intervalos de tempo é que eles estão geralmente ligados a problemas de marcha e de locomoção, e não ao comportamento natural do próprio caminhar.

Existe uma questão ainda mais fundamental a se considerar. Uma criança que engatinha com o auxílio das mãos e dos joelhos adota uma postura estável, que minimiza a chance de se machucar em caso de queda. Quando se tem os quatro membros sobre o chão, ele não fica tão distante. Por que abandonar essa postura do engatinhar por uma que aumenta a chance de queda? Lembrando que, inicialmente, as crianças são excelentes para engatinhar e péssimas para andar. Como elas fazem essa transição tão bem e com tanta segurança? No que diz respeito ao aprendizado, a habilidade para caminhar é diferente de todas as outras. Para aprender a falar, as crianças precisam de uma exposição substancial e contínua a um ambiente linguístico: em outras palavras, elas precisam fazer parte de uma comunidade linguística. No entanto, mesmo as crianças reprimidas pela exposição a ambientes limitados, em geral vão caminhar eretas. Isso sugere que aprender a andar se deve mais ao desdobramento de programas motores subjacentes, talvez inerentes à estrutura dos circuitos motores da medula espinhal e do cérebro, ao contrário do que ocorre na aprendizagem de um idioma.

Em um dos estudos que fizeram para a pesquisa, Karen Adolph e seus colaboradores registraram em vídeo a atividade de três grupos de crianças enquanto brincavam em um laboratório sob a supervisão de cuidadores. Os pesquisadores observaram bebês com doze meses que engatinhavam com facilidade, mas que ainda não haviam feito a transição para o andar; de doze a catorze meses, que eram iniciantes no caminhar; e com dezenove meses, já experientes na habilidade de se mover sobre os dois pés. Para o experimento, usaram um complexo laboratório integrado a uma sala de recreação, que tinha um carpete sensível à pressão para avaliar o andar e o engatinhar, como também toda uma variedade de brinquedos, uma rampa com degraus e outros estímulos. Essa estratégia experimental gerou uma grande quantidade de registros de dados visuais sobre o comportamento dos bebês enquanto engatinhavam, andavam, caíam, tropeçavam e exploravam o ambiente.

Houve várias descobertas. A habilidade dos bebês para engatinhar e andar é variável: alguns são simplesmente melhores do que os outros. Os mais competentes para engatinhar percorreram uma distância maior em menos tempo. O nível de atividade geral por si só não é importante para andar ou engatinhar; o que importa mais é a quantidade de espaço percorrido e a eficiência do bebê em completar o trajeto. Aqueles que engatinham com mais competência também andam melhor — eles caem menos, se estabilizam mais rápido ao levantar e podem andar distâncias maiores. Provavelmente, isso ocorre porque a competência para engatinhar ajuda no desenvolvimento de vários grupos musculares, que são, por sua vez, importantes para caminhar. Usar os quatro membros no engatinhar implica realizar movimentos sequenciais dos braços e das pernas, que devem se coordenar por toda a extensão do tronco. Colocar o peso do corpo nas mãos e nos joelhos proporciona uma forma de treinamento de resistência contínuo para os quadris e ombros, e é muito provável que contribua para os movimentos rotacionais que as pernas e, especialmente, os braços serão capazes de realizar por toda a vida.

Mais do que isso, no entanto, o movimento coordenado de braços e pernas exige que os músculos sejam ativados em sequências e em grupos muito específicos (tecnicamente conhecidos como "sinergias musculares"), após serem impulsionados por um sinal de comando do cérebro; por sua vez, a resposta do movimento o ajuda a se tornar mais preciso.[2] Isso também fortalece os músculos do quadril, ombros e costas, que passam a sustentar o peso do corpo, permitindo que o cérebro e a medula se dediquem a comandar com precisão o movimento e a posição de pernas, tronco e cabeça durante uma caminhada. O experimento no laboratório também revelou que as quedas eram frequentes: um bebê foi gravado caindo 69 vezes no espaço de tempo de apenas uma hora. De um modo geral, não houve diferença na capacidade locomotora dos bebês que engatinharam e dos que andaram por um mesmo caminho reto e sem obstáculos.

O estudo também comprovou o que já se sabe há quase um século: que a habilidade para andar (medida pelo comprimento e pela largura dos passos) melhora com a idade. Caminhar é um comportamento com uma função específica: nos permite ir de um lugar ao outro imprimindo a própria força e velocidade. Isso se reflete na descoberta de que a "capacidade funcional" foi essencial para os níveis de atividade. Os bebês que deram mais passos e que percorreram distâncias maiores foram os que caíram menos. Em outras palavras, a frequência de quedas e a distância percorrida a pé podem ser previstas pela maneira como se aprende a andar — uma atividade que todo mundo acha natural, mas que é uma tarefa complexa de integrar as informações transmitidas pelos sentidos e as respostas dadas pelos membros (conhecida como "acoplamento sensório-motor"). Quanto melhor formos em andar sem cair, maior será a distância que poderemos de fato percorrer e menor será a probabilidade de queda. Dito de outra forma, no caminhar, como em muitas outras atividades na vida, a prática atenta e esforçada leva à perfeição.

Em média, uma criança que está começando a andar dá 2.368 passos, percorre 701 metros e cai dezessete vezes por hora. Como ocorre em várias outras habilidades, aprende-se a caminhar melhor se houver uma rotina de prática intermitente e variável. Em um período de trezentos ou quatrocentos dias, os bebês podem dar centenas de milhares de passos e talvez cair milhares de vezes, uma frequência de quedas que diminui com a idade, com a prática e com a aprendizagem pelo erro. Os bebês e as crianças também dormem muito, e o sono é necessário para consolidar o que foi aprendido durante o dia.

Esses números também escondem por que os experimentos de robótica computacional intensiva para aprender a andar foram um fracasso por tanto tempo. O período prolongado que temos de infância — quando brincamos em terrenos irregulares com declives, em superfícies duras e macias, com objetos de dimensões variadas em termos de peso, textura e portabilidade — fornece as oportunidades de treinamento necessárias para aprendermos a caminhar com a habilidade típica e completamente inconsciente dos adultos.

Contudo, não somos apenas um cérebro estático, preso no silêncio de uma caixa craniana: somos mentes em movimento, o que para nós é intrinsecamente gratificante e motivador. Assim, o acoplamento sensório-motor que comanda o desenvolvimento do engatinhar para o caminhar ilustra muito bem o porquê de a mobilidade cognitiva ser necessária para podermos entender os nossos mundos social e físico e participar deles de forma plena. A experiência do caminhar, de se deslocar, é a de um cérebro e de uma mente que se movem para além dos limites. E esse movimento, por sua vez, muda a nossa experiência de mundo ao envolver totalmente os mecanismos do cérebro e da mente nesse processo.

A criança que se apoia em um móvel para ficar de pé descobre imediatamente um novo mundo. Ela poderá pegar objetos que antes eram inacessíveis e aprenderá a trepar em árvores, a subir os degraus de uma escada, a passear pelo jardim, a ir a pé para a escola. A nova postura deixará sua cabeça erguida e, por sua vez, ela verá o mundo de uma maneira nova e cognitivamente móvel. Os objetos nunca mais estarão distantes, pois ela irá caminhar até eles para pegá-los, inspecioná-los, talvez levá-los embora e quebrá-los. A coleção de porcelana fina e as panelas quentes têm que ser tiradas do seu alcance, pois agora são objetos dos quais ela pode se aproximar para pegar, quebrar, derramar. Os primeiros passos trazem esses perigos, por isso todas as crianças precisam saber por onde podem ou não circular em segurança. Obviamente, é esse o momento em que os adultos devem fornecer instrução e treinamento explícitos sobre como essa habilidade nova e maravilhosa pode facilmente causar problemas e como eles podem ser, da mesma forma, evitados.

Uma vez que aprendemos a andar, nos movemos eretos, com a cabeça erguida, as mãos e as mentes livres, capazes de enxergar mais longe no horizonte. Permanecer ereto exige equilíbrio: caminhamos pela Terra com movimento e direção coordenados, nos mantendo perpendiculares à superfície em que caminhamos, nos ajustando às alterações dos terrenos e da tração aplicada. Um exemplo é quando estamos em um lugar com neve, onde nos adaptamos, deslizamos, esquiamos, enquanto o nosso sistema de direção e equilíbrio continua a trabalhar. Por que não caímos? Como colocamos uma perna na frente da outra com tanta segurança e ritmo? Apenas agora é que a ciência começou a revelar a mecânica inesperadamente complicada de *como* caminhamos eretos.

A chave está na palavra "ritmo". Existe um ritmo para caminhar que só conseguimos perceber se prestarmos muita atenção. Nossas pernas se alternam na mudança de posição com segurança: quando uma se flexiona e avança, a outra fica reta e parada; na sequência, a primeira fica parada para a segunda avançar, o tempo todo nos movendo, enquanto mantemos a postura ereta. A questão do ritmo será retomada mais adiante. Por enquanto, vamos concordar que caminhar é uma conquista neuromusculoesquelética surpreendente, que exige a coordenação rápida da atividade cerebral e nervosa em sequências sucessivas de contração e relaxamento de músculos e grupos musculares. Há pelo menos dez deles em cada perna, presos ao esqueleto pelos tendões. Sem esquecer que o coração também é um músculo; logo, caminhar também exige muito dele.

Como o cérebro controla a nossa forma de andar? Para isso, ele deve realizar pelo menos duas tarefas distintas: nos equilibrar em uma posição ereta e, então, possibilitar que nos movamos dando passos pelo chão. Contudo, ao contrário do que se pode supor, a diferença entre pensar e fazer é mais complexa e muito menos distinta. Vamos nos recordar da nossa amiga incomum, a ascídia, que consome o próprio protocérebro ao se tornar um animal séssil, pois já não precisa mais dele. Uma interpretação desse comportamento, portanto, é que precisamos de um cérebro para gerar o movimento, um cérebro que preveja — que até mesmo imagine —, de forma ágil e instantânea, os prováveis gestos que iremos executar. Isso sugere que os circuitos cerebrais usados para se pensar em uma caminhada — quando nos visualizamos percorrendo determinada trilha e dando passadas específicas — são mais ou menos os mesmos que são ativados para uma caminhada real. Um estudo importante descobriu que uma rede de locomoção central permanece ativa no cérebro humano tanto durante uma caminhada real quanto em uma imaginária.[3] O que muda durante o caminhar real é que são ativadas diversas regiões cerebrais adicionais, responsáveis pelas atividades motoras.

Isso oferece uma percepção importante sobre a forma como imaginamos as coisas: atos de imaginação são exatamente... *atos*. Eles são atos neurais com ativações no cérebro que podem ser detectadas. Por exemplo, criar na mente a imagem de uma rosa implica um aumento na atividade das áreas visuais do cérebro, para que a nossa "visão mental" possa "enxergar" esse pensamento. Usar a imaginação para colher a rosa e sentir o seu perfume ativará as áreas motoras, assim como as relacionadas ao olfato. Imaginar que apontamos para um pássaro que voa, faz com que a atividade ocorra novamente em todas as áreas motoras do cérebro relacionadas a esse gesto, como também em áreas visuais responsáveis por criar a imagem do pássaro. Por fim, lembrar-se da caminhada rotineira para o trabalho, de um passeio pelo parque ou de uma ida ao shopping ativará áreas motoras do cérebro envolvidas no planejamento dos passos dados — mas há um dado a mais: também haverá atividade em partes do cérebro (a formação hipocampal ampliada) que sustentam a memória, a imaginação e até mesmo a viagem mental no tempo.

Obviamente, algumas coisas estão ausentes: o próprio comportamento real (nesse caso, olhar a rosa e o pássaro, já que não existem ali, e caminhar, já que a paisagem percorrida foi apenas imaginada) e a atividade em regiões do cérebro responsáveis pela execução e controle do comportamento (colher a rosa, apontar para o pássaro, ir ao shopping). Uma questão que permanece em aberto é saber se a atividade nessas regiões do cérebro é inibida ou reprimida de uma forma ativa, ou se o cérebro se limita a não envolver completamente essas regiões durante a imaginação. É provável que as duas situações ocorram, porém o ponto mais importante é que a mesma região do cérebro é ativada para sustentar atos distintos como imaginar (algo ou alguma situação) e agir (as ações de fato tomadas no mundo real).

Obviamente, isso é algo para se pensar caminhando. E quanto ao "fazer" real? Do ponto de vista do cérebro, o corpo pende da cabeça até o ponto em que os pés encostam no chão. Não somos construídos a partir das solas dos pés, mas sim de cima para baixo — é mais como se a nossa cabeça fosse um "castelo nas nuvens", sustentado por andaimes que descem até o chão. Para ficar de pé, é necessário controlar a postura do corpo: por meio da medula espinhal, o cérebro envia sinais que mantêm o controle muscular adequado, garantindo que o corpo não tombe. Esse é um processo monitorado continuamente, pois a nossa linha de gravidade fica em geral um pouco à frente dos tornozelos e dos joelhos — como se fosse o fio de um prumo pendurado do queixo até os pés, a linha de gravidade se desloca para frente e para trás conforme nos movemos durante uma caminhada.

Portanto, a primeira urgência do cérebro é manter o corpo e a cabeça estáveis no espaço, quer estejamos parados ou em movimento. Se caímos ou temos a sensação de queda toda vez que nos levantamos, não iremos muito longe e o mais provável é que vamos nos machucar. A cabeça funciona como um "sistema de navegação inercial" (ou giroscópio) — ela permanece estável em qualquer movimento, de modo que mantém uma posição relativamente plana e paralela ao solo, apesar de variações no terreno. Esse sistema é muito usado em aeronaves, submarinos e automóveis: de maneira similar, o nosso cérebro poderia facilmente usar uma cadeira de rodas ou uma bicicleta para se locomover. Qualquer que seja o meio de transporte, porém, o cérebro deve estabilizar a cabeça no espaço durante o movimento, caso contrário, será impossível caminhar, pedalar e dirigir.

Como funciona esse trabalho de manter o equilíbrio enquanto nos movemos (a referência inercial)? Vamos imaginar uma linha que segue do ângulo lateral do olho — o canto externo, no ponto onde as pálpebras se encontram — até o canal auditivo. Por mais ativos que estejamos sendo, o cérebro sempre tentará manter essa linha imaginária mais ou menos em posição horizontal, ou seja, paralela ao chão.[4] Essa estabilidade da cabeça é obtida por um mecanismo complexo, que usa as informações derivadas do próprio ato de caminhar e das mensagens que retornam das partes do corpo que estão em movimento.

De forma surpreendente, esse sistema não utiliza nem precisa de uma informação de referência externa, tal como a visão ou a audição, o que elimina a necessidade de estar sempre monitorando e interpretando o mundo exterior. Ou seja, não temos que observar minuciosamente o chão antes de darmos cada passo. Em vez disso, a velocidade, a direção de movimento e a resposta do próprio corpo fornecem todos os sinais necessários para andarmos. É por isso que as pessoas com deficiência visual, por exemplo, ainda conseguem caminhar com facilidade.

A visão e a audição são usadas para ajustar ou corrigir os erros cometidos pelo sistema interno. Dito de forma (muito) simples, caminhar é como dirigir um carro com velocidade constante. O automóvel mantém velocidade não pela paisagem exterior que passa rapidamente por ele, mas por garantir que a força rotacional (o torque) produzida no motor gire as rodas a uma taxa constante. Ou seja, o sinal para o movimento vem de dentro do veículo: a partir da pressão exercida no pedal do acelerador, que controla o trem de força do motor. Nenhum estímulo externo afeta o seu movimento. E, como todos sabemos, esses estímulos podem ser ambíguos quando fornecem informações sobre movimento, distância e velocidade: em condições de escuridão, os humanos são notoriamente ruins para distinguir qual direção é para o alto e qual é para baixo, se os objetos estão próximos ou distantes, ou de onde vem o som que estão ouvindo. Fechar os olhos e sentir os sinais de estímulo do nosso corpo pode ajudar a reduzir essa ambiguidade.

Nos humanos e em todos os outros animais que têm medula espinhal, o mecanismo para estabilizar a posição da cabeça e o movimento está localizado no ouvido interno. É conhecido como "sistema vestibular" em referência à palavra "vestíbulo" — que significa "antessala, hall de entrada ou saguão próximo à entrada de um edifício".[5] A propósito, se alguém for imprudente na hora de fazer a higiene do ouvido e introduzir um cotonete por cerca de dois centímetros, ele atravessará o tímpano e o estrago será permanente. Resista a esse impulso.

A função do sistema vestibular pode ser temporariamente interrompida quando giramos sobre o nosso próprio eixo — ou quando consumimos muito álcool. A sensação de vertigem que uma pessoa ébria tem ao se deitar pode ser em geral aliviada se ela firmar um pé no chão. O contato com o solo é uma informação externa que estabiliza o sistema vestibular — e, portanto, interrompe a sensação de que a cabeça está girando — ao fornecer os sinais "proprioceptivos" necessários (que partem da posição relativa das articulações envolvidas no ato de pisar no chão, como quadril, joelho e tornozelo). O mesmo vale para um automóvel que foi suspenso: acionar o motor, engatar a marcha e pisar no acelerador fará com que as rodas girem, mas o carro não sairá do lugar. O contato das rodas com uma superfície rígida é o que fornece a resistência necessária para o movimento de avançar.

O mecanismo do sistema vestibular é um milagre de microengenharia. Ele tem duas divisões principais: os canais semicirculares e os otólitos, através dos quais circula um fluido líquido. A superfície interna dos canais semicirculares é revestida por cílios minúsculos, que são dotados de pequenos cristais nas pontas e presos em suas bases por "receptores de alongamento". A circulação do fluido faz os cílios se moverem como se fossem, por exemplo, uma tulipa presa à ponta do caule que balança ao vento. O movimento dos cílios gera solavancos leves que alteram um pouco a forma daqueles receptores que os mantêm fixos nas bases, assim como o balanço da tulipa ao vento alonga as raízes que a mantêm presa ao solo. Esse alongamento, por sua vez, causa uma alteração no estado elétrico dos receptores e envia um sinal para o cérebro através do nervo vestibular. Essa é uma forma resistente, confiável e simples de converter um sinal de movimento em um sinal elétrico.

Os otólitos, por sua vez, se fixam uns aos outros em ângulos retos, formando massas ciliadas com aparência de colmeias. Os cílios são presos em cristais de cálcio, que se movem linearmente e em sincronia: para frente, para trás e para os lados (esquerda e direita). As massas cristalinas se movem com a cabeça — como se fossem bilhas dentro de um tubo, que sacudimos fazendo aqueles mesmos movimentos. Como esses sensores sempre ativos ocupam uma posição fixa dentro da cabeça, o cérebro dispõe de um sinal de referência constante fornecido pelos canais semicirculares e pelos otólitos. Esse sinal permite que o próprio cérebro e o corpo se orientem em três dimensões: para cima e para baixo, de um lado para o outro, para frente e para trás, além de rotações em torno dessas dimensões.

O sistema vestibular fica confinado bem no fundo do crânio, de onde processa informação sobre o que deve estar acontecendo no mundo exterior, sem de fato interagir diretamente com ele. Trata-se de um sistema sensorial fixo, preso à posição da cabeça. Imagine um tubo com bilhas colado na mão: a cada gesto, as bilhas se deslocam dentro do tubo, assim como os otólitos no sistema vestibular. Agora, pense em um conjunto de tubos um pouco mais elaborado: um que esteja paralelo aos dedos, outro transversal à palma da mão, e um último que envolva as articulações dos dedos. As bilhas vão tilintar qualquer que seja o gesto, refletindo com precisão a velocidade e a direção dos movimentos da mão, sem nunca a tocar de fato. Se conectarmos esses tubos para medir o movimento das bilhas, em princípio criaremos algo que funciona de uma maneira muito parecida com o sistema vestibular: o movimento das bilhas pode informar sobre o gesto sem precisar encostar na própria mão.

Embora o sistema vestibular nos forneça uma resposta direta e não visual sobre os nossos movimentos, isso nem sempre funciona de maneira perfeita. Um fato bem conhecido é que os alpinistas que ficam presos sob a neve têm muita dificuldade para chegar à superfície, pois perdem o senso de direção e não conseguem distinguir entre acima e abaixo. Isso acontece porque eles ficam sem informações externas confiáveis, e aquelas autogeradas podem ser insuficientes se eles estiverem presos ou com dor. Às vezes, os alpinistas cavam na direção errada, convencidos de que é a correta. O truque para saber qual direção é para baixo, em caso de necessidade, é derramar um pouco de saliva da boca. Se ela deslizar em direção ao nariz, nossa cabeça está voltada para baixo. Se escorrer para o queixo, então estamos na posição correta para chegar à superfície — independentemente de sentirmos se essa é ou não a orientação certa de fato, com a cabeça voltada para cima e os pés para baixo. Isso porque a gravidade não se altera em função do que sentimos: aconteça o que acontecer, a saliva vai escorrer em direção ao centro da Terra. A mesma regra se aplica se ela deslizar lateralmente, em direção à bochecha: cave na direção oposta para escapar.

Essencial ao nosso sentido de equilíbrio, o sistema vestibular garante a estabilidade do corpo em superfícies distintas — uma conquista considerável para o cérebro. A capacidade de se equilibrar é silenciosa, mas está sempre ativa, mesmo quando descansamos ou dormimos,[6] e há várias formas de percebermos isso. Por exemplo, nossos parentes próximos, os macacos, são hábeis para dormir em árvores; às vezes é possível observar que escorregam ou que se movem, mas logo se endireitam e, com sorte, se agarram a um galho para não cair.[7] Obviamente, a maneira mais rápida de acordar uma pessoa, mesmo que esteja em um sono profundo, é empurrá-la para fora da cama sem piedade. Para evitar a queda, ela se debaterá tentando se agarrar ao lençol ou ao ar. A atividade permanente que existe no sistema vestibular é conhecida como "ativação tônica" e, de modo muito semelhante à conexão de uma casa à rede elétrica, ela está sempre ligada. Apenas nos conscientizamos da falta de eletricidade quando há uma falha nessa conexão — ou da perda do sistema vestibular se ele for danificado de alguma forma. O que essa atividade fornece é um estímulo constante para várias regiões diferentes do cérebro, em particular aquelas que dizem respeito ao movimento e ao despertar. Quando o sistema vestibular é ativado de forma brusca e repentina durante o sono, nós acordamos. Em geral, porém, o nosso despertar é devido a movimentos impostos ao corpo: a tendência é que não sejamos acordados por causa de nossos próprios chutes e movimentos durante o sono (os de outra pessoa com quem dividimos a cama, no entanto, são uma questão muito diferente). O ganho evolutivo de uma espécie que pode acordar rapidamente durante terremotos ou dormir em árvores para evitar predadores terrestres é óbvio e imenso. O ponto principal dessa vantagem, porém, é a ação veloz e imediata do sistema vestibular, que responde antes que tenhamos consciência do fato.

A velocidade de ação do sistema vestibular também é evidente durante o caminhar. Por exemplo, uma pessoa sai para dar uma volta em um dia gelado, escorrega em uma pista congelada e, no mesmo instante, tenta se equilibrar. Depois de conseguir não cair, a pessoa repete a sequência de eventos em pensamento. Ela caminhava tranquila, daí pisou em falso no gelo e escorregou. A primeira reação que teve foi contrair o corpo: rapidamente, todos os músculos das pernas e do tronco agiram em sincronia para impedir que ela escorregasse ou se deslocasse mais. Em seguida, depois de conseguir se endireitar, retomou a caminhada, dessa vez prestando atenção onde pisava. O que de fato impressiona é que a contração rápida dos músculos acontece de forma totalmente automática e instintiva.[8] Ela se adianta à percepção consciente do indivíduo de que seu pé falseou na pista congelada. Como isso funciona — e em milésimos de segundos? Extremamente sensível, o sistema vestibular emite sinais que resultam em vários tipos de informação: "Estou escorregando", seguida de "Contraia rapidamente os músculos", depois, "Não caí", e por fim, "Ótimo, volte a caminhar, mas tenha cuidado".

Às vezes, andamos em ambientes incomuns e instáveis, como um barco que navega por um mar agitado ou um avião que atravessa uma zona de turbulência. Caminhar enquanto o piso se move — algo bastante raro e inquietante — pode demonstrar como o sistema vestibular se adapta às informações que recebe. A sensação de enjoo por causa desse tipo de movimento (cinetose) surge da disparidade entre o que é captado pelo sentido da visão e o que é recebido pelo sistema vestibular.[9] Apesar de ser desagradável, em geral a sensação de enjoo passará assim que os sistemas visual e vestibular agirem em sincronia. O sistema vestibular, portanto, não tem uma função programada: é capaz de aprender devido à plasticidade do sistema nervoso; e no caso do enjoo causado pelo movimento, ele demonstra que o aprendizado e a plasticidade deram errado. Uma variante rara e mais forte desse enjoo, e muito pouco compreendida, é a síndrome conhecida pelo nome em francês *mal de débarquement* (MdD), que significa "mal do desembarque" (de um navio ou de um avião).[10] No MdD, a pessoa experimenta uma sensação intensa de movimento quando desembarca e tenta andar em solo firme. É comum ter essa sensação por poucos instantes quando se tenta andar logo após descer de uma esteira, de uma escada rolante ou mesmo de um barco. No entanto, no caso do MdD, o mal-estar é duradouro e costuma ser aliviado quando o corpo é submetido a movimentos passivos, como andar de carro. O problema é mais central do que periférico — ou seja, diz mais respeito ao cérebro do que ao sistema vestibular. Pode ser o caso, por exemplo, de que a recalibragem que o cérebro realiza para compensar o movimento do barco não seja atualizada quando se retorna à terra firme. As pernas terrestres se transformam em aquáticas durante a viagem, e permanecem assim ao voltar para a terra: por isso, o alívio da sensação de enjoo muitas vezes é sentido quando o corpo retoma o movimento passivo. O sistema vestibular volta a sentir o mundo como ele era, bem firme sob os pés, e não como ele está. Esse sistema é um milagre da engenharia evolutiva, intervindo silenciosamente em todos os aspectos de nossa vida de caminhante, mesmo que não tenhamos (em geral) total consciência disso.

Nós temos outros sentidos que podem contribuir para a forma como caminhamos. A visão é um dos mais óbvios. O modo como enxergamos o mundo, da forma mais básica — o fluxo de luz que atravessa os nossos olhos —, afeta a mecânica do caminhar? Quando nos movemos para a frente, os nossos olhos contam para o cérebro que estamos em movimento relativo entre nós mesmos e o mundo exterior. Isso é conhecido como "fluxo óptico": quando estamos em movimento, pedalando, a pé, em um carro, em um trem, a paisagem flui em nossa direção conforme nos movemos através dela. Vamos imaginar que estamos avançando por um corredor estreito e com paredes laterais: do nosso ponto de vista, e, de forma ainda mais específica, do ponto de vista da nossa retina, as paredes parecem se mover para trás. O fluxo óptico surge naturalmente desse movimento para a frente. Em geral, não percebemos isso, exceto naqueles momentos específicos de transição, quando estamos caminhando em uma superfície fixa e mudamos para uma esteira rolante, por exemplo. No início e no fim da esteira ocorre uma mudança repentina no fluxo óptico, que acelera e desacelera em relação à nossa velocidade de caminhada. Aquela sensação de desequilíbrio, de desorientação, surge por causa da falta de conexão entre os movimentos do nosso corpo, o que é imposto a ele pela esteira móvel e o cenário que vivenciamos. Essa desconexão pode ser usada para revelar como a visão contribui para o movimento.

Então, como usamos o fluxo óptico para regular o nosso caminhar? Para entender o processo, é necessário combinar a experiência do movimento no espaço com as variações sistemáticas do fluxo óptico. Podemos perceber o efeito do fluxo alternando entre o caminhar e o deslizar em esteiras rolantes, principalmente se forem ladeadas por painéis de publicidade brilhantes e luminosos. No laboratório, porém, combinar a caminhada em uma esteira com telas de realidade virtual de grande formato proporciona um estímulo visual controlado, às vezes de acordo com a velocidade da caminhada, outras vezes em desacordo com ela.[11] A questão abordada em muitos estudos é com que velocidade passamos do caminhar regulado por geradores de padrão central (GPC) para o caminhar controlado pela visão. As mudanças repentinas no fluxo óptico fornecem um sinal descendente (a partir do cérebro) de que algo mudou no ambiente visual — um pouco como as placas de sinalização de trânsito que informam o motorista sobre a necessidade de uma ação imediata. Em outras palavras, existe uma influência descendente importante no caminhar gerada por informação visual do fluxo óptico. Ele pode alterar o nosso ritmo de caminhada, se rápido ou lento, em cada instante do trajeto, de modo que a nossa velocidade corresponda à velocidade visual aparente daquilo que flui ao nosso redor.

Já sabemos como manter o equilíbrio quando andamos e como o fluxo do mundo que atravessa a nossa retina nos ajuda nessa habilidade, mas uma pergunta permanece: como nos movemos de fato? A resposta é o ritmo, que é intrínseco ao caminhar. O metrônomo é um aparelho com um pêndulo invertido que oscila em velocidades diferentes. A reflexão clássica sobre o caminhar bípede humano é pensar nele como um "pêndulo duplo invertido", em que o corpo oscila sobre uma extremidade rígida a cada passo dado.[12] Durante o caminhar, um pé sempre permanece em contato com o chão, ao contrário do correr, em que ambos podem sair do chão ao mesmo tempo. Andar é o resultado de uma colaboração extraordinária entre o controle descendente do cérebro, a informação ascendente dos pés e das pernas e um sistema de controle rítmico de nível intermediário gerado pela medula espinhal, que funciona como um "gerador de padrão central" (GPC).[13] Os pêndulos de um relógio são um tipo de gerador de padrão — eles oscilam para os lados, com precisão e de forma programada, criando um ritmo definido, que é usado para colocar o relógio em ação. Um GPC é um circuito do sistema nervoso que produz padrões motores rítmicos regulares, como os movimentos respiratórios, os movimentos peristálticos lentos e constantes que impulsionam o alimento através do intestino e o batimento cardíaco.

Os GPCs na medula espinhal são um indicador de que o cérebro não controla de fato os detalhes mais específicos de toda a atividade do corpo: por exemplo, mesmo sem a cabeça, as galinhas correm e as tartarugas nadam ainda por um tempo; logo depois elas param, é claro, já que a perda de sangue provoca uma parada cardíaca, mas o movimento contínuo prova que as atividades motoras rítmicas são controladas pela medula espinhal, que fica abaixo do nível do cérebro. O fato de esses GPCs existirem nessa estrutura também pode se tornar uma grande vantagem nos tratamentos de paralisia causada por lesão na medula, caso seja possível desenvolver um circuito eletrônico que efetivamente contorne o local da lesão.

O movimento estável e rítmico está na base do caminhar, mas outro elemento crucial é o sistema que nos permite andar sem prestar uma atenção consciente e contínua aos próprios pés. Como o cérebro resolve esse problema de saber onde o pé está para, em seguida, fazer com que pouse no chão e alavanque o nosso corpo? Como veremos em breve, o cérebro conta com um senso espacial, um "mapa cognitivo" que nos permite navegar pelo mundo, mas também um mapa do corpo que ele movimenta. O cérebro se envolve nos sentidos de "exterocepção" (processamento de informações sobre o mundo exterior a partir da visão e da audição) e de "interocepção" (processamento de informações fornecidas pelos órgãos internos, como fome, sede e dor, por exemplo). Temos ainda um sentido muito desenvolvido que estabelece a posição no espaço das articulações do tornozelo, joelho e quadril, e também dos sinais dos músculos e ligamentos: é o nosso "sexto sentido" — ou propriocepção.[14] Muitas brincadeiras da infância e exames neurológicos testam o sentido proprioceptivo. Um teste simples é fechar os olhos e tocar o nariz com a ponta do dedo — a margem de erro deve ser inferior a um centímetro, mais ou menos. Outro é caminhar no escuro ou com os olhos fechados, em um ambiente sem obstáculos — o resultado surpreende pela facilidade. Por fim, se apoiar em uma única perna com os olhos primeiro abertos e, depois, fechados — ao tentarmos manter o equilíbrio nas duas situações, ficamos especialmente conscientes de como a informação visual é integrada ao nosso senso de posição articular. Esse último teste mostra como os sentidos da visão e o proprioceptivo podem se unir para que a postura fique ereta.

Em geral, caminhamos com os olhos abertos e as informações proprioceptiva e visual (o fluxo óptico) são integradas sem esforço. Isso proporciona a nossa experiência habitual de caminhada no mundo visual. Afinal de contas, é raro andarmos de costas por longas distâncias. Quando caminhamos para a frente, a sensação de que o mundo vai deslizando para trás conforme avançamos é chamada de fluxo óptico expansivo, ao passo que a sensação inversa, de que o mundo retrocede à nossa frente quando andamos de costas, é conhecida como fluxo óptico contrativo.

O horizonte se encolhe ou se contrai à medida que nos afastamos dele, e se expande conforme caminhamos em sua direção. Será que nossa experiência de fluxo óptico muda quando começamos a fazer a transição do engatinhar para o andar e, como consequência, a orientação da nossa cabeça e dos nossos olhos se modifica? Um estudo importante realizado pelos psicólogos experimentais Nobu Shirai e Tomoku Imura abordou essa questão e demonstrou que as crianças que caminhavam melhor preferiam estímulos relacionados ao fluxo óptico expansivo, uma opção que se acentuava conforme elas cresciam.[15] Isso faz sentido. A ideia de que as crianças achariam o fluxo óptico expansivo de certa forma mais interessante e gratificante consiste em uma evolução adaptativa no desenvolvimento da locomoção independente.

Os pesquisadores também descobriram que os bebês colocados em andadores têm uma experiência de fluxo óptico diferente das crianças que aprendem a andar sem esses artifícios. Os bebês em andadores chutam para baixo e, em geral, acabam se empurrando para trás, o que faz com que a experiência do movimento nos primeiros meses seja de fluxo óptico contrativo, em vez do expansivo. Outros estudos sugerem que as crianças que usam andadores por muito tempo demoram mais para aprender a andar do que as que apenas engatinham e fazem a transição para se locomover sobre os dois pés.[16] Além disso, uma questão de desenvolvimento mais ampla é saber se esse aprendizado leva a outras mudanças psicológicas vitais, em especial a forma como as crianças interagem com os outros. Andar não é uma conquista solitária: em sua essência, a habilidade evoluiu em um contexto social, que envolve tanto as interações em núcleos familiares pequenos quanto em outros grupos maiores.

Sabemos que caminhar confere mobilidade cognitiva, mas essas descobertas mostram que a qualidade das interações sociais da criança também muda. Poder caminhar de forma independente, autônoma, proativa, com os próprios pés, é tão vital para o desenvolvimento locomotor quanto para o social e o cognitivo. A transição para o caminhar muda sutilmente quase todas as facetas do nosso funcionamento psicológico. A criança aprende a percorrer a própria casa, o jardim, a rua onde mora, a sua escola, o parquinho que frequenta. Além disso, ela fará uma grande parte dessa exploração a pé e sem muito treinamento ou instrução explícitos. De imediato, sabe onde está e para onde quer ir. Como aprende esse seu mundo? Será que a criança — e também o adulto — tem no cérebro algo semelhante a um GPS? Será que os outros animais também têm algo parecido? A seguir, veremos como o cérebro mapeia o mundo enquanto caminha.

4.

Como caminhar: Para onde ir?

Deixe-me voltar alguns anos. Acabei de me mudar para Londres, uma cidade maravilhosa, cativante, ampla, populosa, policêntrica e polifônica, que ainda estou aprendendo a conhecer. Isso foi antes de todos terem telefones celulares. Combinei de me encontrar com o meu amigo Ted na estação de metrô de Highgate Hill, para darmos um passeio pela região e talvez explorarmos o cemitério. Pego o trem em Streatham e depois a linha Norte até a estação Highgate. Eu espero, mas ele não aparece nem pode fazer contato comigo. Então, decido voltar para casa a pé. É domingo e a tarde está linda e ensolarada. Como não levei um mapa, tenho que me guiar pelo nome das ruas e pela técnica de navegação estimada. É um percurso de dezoito quilômetros até em casa, o que inclui atravessar a ponte sobre o Tâmisa — cerca de 3h45 de caminhada. Quais são as minhas chances de chegar ao destino?

A navegação estimada informa a localização de uma pessoa com base no cálculo da velocidade e direção de seu movimento a partir de algum ponto fixo conhecido. É um método usado por marinheiros e navegantes desde tempos imemoriais. Também por formigas, pombos-correios e outras espécies, além dos humanos. Na biologia, é conhecida como "navegação espacial", e, se rastrearmos a velocidade e a direção do nosso movimento, o processo permite tanto atingir o ponto de chegada quanto voltar ao local de origem.[1] No entanto, essa técnica não é perfeita e podem ocorrer erros.

Saber que tenho que seguir por um caminho em declive ajuda a definir o meu trajeto. Caminho de Highgate para Charing Cross Road. Perambulo pelo comércio de livros usados, sigo ao sul até Pimlico para cruzar o rio em Vauxhall, e logo atravesso Brixton, em direção a Streatham Hill e Streatham Common. Estou com os pés doloridos, mas exultante. Apesar de ter caminhado por áreas de Londres que eu desconhecia naquele momento, não me perdi. E por quê? Porque eu tinha certa noção de para onde estava indo, sabia mais ou menos os lugares que deveria encontrar pelo caminho e podia estabelecer a minha posição pelos nomes das ruas. E se fosse no escuro, sem a iluminação dos postes, sem as placas com os nomes das ruas e sem um aparelho de geolocalização? Nesse caso, eu dependeria exclusivamente da navegação estimada, um processo que acumula erros de navegação ou de direção, a menos que seja sempre reajustado por informações do entorno. Ou seja, eu ainda poderia estar perambulando pelo local.

É fácil perceber como funciona o processo de navegação espacial quando encontramos a saída de um quarto que ficou escuro de repente e no qual sabemos a nossa posição e a de alguns dos seus obstáculos, como cadeiras. Ao fazer uma estimativa da localização da porta, mudamos rapidamente de um referencial autocentrado ("Onde eu estou?") para outro que foque o ambiente ("Onde está a porta do quarto?"). Esse processo se fundamenta no sistema vestibular, que nos mantém eretos, em sincronia com o proprioceptivo, que atua como o nosso "sexto sentido", construindo e atualizando um mapa espacial do entorno. Ele é baseado especialmente na memória, porque devemos nos lembrar da localização da porta — nosso objetivo — e evitar os obstáculos que podem estar espalhados pelo quarto.

Já descrevemos como vários sistemas corporais engenhosos colaboram a fim de nos permitir colocar um pé na frente do outro de maneira regular, segura e rítmica, para chegarmos aonde planejamos. Agora, vamos viajar em direção aos recessos profundos do cérebro para descobrir, qualquer que seja o destino, como encontramos nosso caminho, como nos perdemos e como representamos o mundo exterior em nossas mentes.

Como conseguimos andar por qualquer lugar? Segundo o senso comum, caminhar implica uma combinação de funções visuais e motoras, porém isso ignora o fato óbvio de que pessoas com deficiência visual (com perda total ou parcial da visão, de origem congênita ou adquirida) podem caminhar com propósito e direcionamento próprios. Elas podem circular por um espaço tridimensional complexo mesmo sem enxergar o que existe no local. Essas pessoas conseguem se orientar nesses ambientes e voltar a um ponto de origem, e aquelas com baixa visão podem fazer tudo isso quando estão com os olhos vendados.

A caminho do trabalho, muitas vezes encontro indivíduos com deficiência visual (em geral com bengalas) que pegam o ônibus ou o trem para o centro de Dublin. Sempre fico admirado com eles. Como podem realizar essas viagens complicadas com pouca ou nenhuma visão e sem uma assistência técnica mínima? As rampas de rebaixamento das calçadas, os pisos táteis especiais (de alerta e direcional) e os sinais sonoros nos cruzamentos são indicadores úteis de sinalização não visual do ambiente urbano. No entanto, é preciso realizar experimentos avançados, tanto em pessoas que enxergam quanto nas que têm deficiência visual, para compreendermos plenamente como é possível a mobilidade assistida por esse tipo de orientação.

Alguns desses experimentos consistem em vendar uma pessoa sem deficiência visual e pedir que ela atravesse uma rota complexa e depois retorne ao ponto de partida, às vezes por um caminho específico. Pode-se acrescentar algumas dificuldades — sons provenientes de direções distintas, mudanças de textura tátil do piso, girar em torno do próprio eixo para afetar o sistema vestibular... Essa última manipulação talvez seja a mais crítica, porque perder a estabilidade e o sentido de direção fornecidos pelo sistema vestibular tem um efeito devastador em nossa habilidade para desempenhar uma tarefa simples como localizar o ponto de partida. Somos enganados pela percepção que temos do mundo espacial, que nos faz acreditar que somos indivíduos visuais por natureza. Na verdade, no que diz respeito ao cérebro, a visão é apenas um sentido que contribui para o nosso entendimento de espaço — importante, mas apenas um —, e sabemos isso porque conseguimos nos locomover no escuro em ambientes que já conhecemos ou não. Essa noção de espaço (que atualmente é conhecida como "mapa cognitivo") pode ser considerada como um "sentido silencioso": o seu desenvolvimento ocorre em grande parte sem que seja percebido por nós, e só o notamos quando ele falha.

Ao longo de várias décadas, uma série de estudos significativos sobre a percepção espacial (ou mapeamento cognitivo) foi realizada em pacientes com deficiência visual congênita ou adquirida. Essas pesquisas compararam o desempenho desses pacientes em testes de locomoção com o de grupos de controle integrados por pessoas da mesma idade e com visão plena, algumas com os olhos vendados. Elas usam tarefas de navegação espacial para investigar se a visão é necessária para o desempenho de habilidades espaciais normais baseadas na locomoção; os participantes são instruídos a caminhar ao longo de certas rotas ou trajetórias e, em seguida, devem reproduzir a rota para voltar ao ponto de partida ou, alternativamente, encontrar o caminho mais curto de volta.

Se acreditamos que a visão é necessária para desenvolver habilidades espaciais normais, então podemos supor que pessoas com visão plena terão um desempenho melhor do que aquelas que se tornaram cegas em algum momento após o nascimento (isto é, as pessoas com cegueira acidental). Por sua vez, os cegos acidentais terão um desempenho melhor do que aqueles com cegueira congênita (isto é, os que são cegos desde o nascimento). Cada grupo tem experiências diferentes do mundo visual — que vai da total no grupo dos que enxergam, passando pela experiência parcial e histórica entre os acidentais, até nenhuma nos indivíduos do grupo de cegos congênitos. Em um estudo muito esclarecedor, a variedade de experimentos com esses grupos distintos exigiu que os participantes produzissem, reproduzissem ou estimassem caminhadas de curta distância que podiam incluir apenas um único giro do corpo. Em experimentos mais complicados, os participantes andaram por caminhos divididos em múltiplos segmentos e tiveram que refazer suas rotas de trás para frente, produzir atalhos para um ponto de partida ou apontar para um lugar pela dedução de sua localização a partir da posição conhecida de algum outro objeto.[2]

A revelação surpreendente é que a visão plena não é necessária para aprender a andar e se deslocar em um espaço tridimensional ampliado. No geral, o desempenho nas tarefas simples foi mais ou menos o mesmo em cada um dos três grupos. Sejam os indivíduos com visão plena e vendados, com cegueira acidental ou congênita, todos os participantes conseguiram percorrer as distâncias curtas obrigatórias, reproduzindo-as ou estimando-as aproximadamente com o mesmo nível de desempenho. Nas tarefas mais complexas, todos os grupos também apresentaram níveis de rendimento semelhantes. Os indivíduos com cegueira congênita talvez tenham apresentado um resultado inferior, mas em geral houve uma coincidência notável entre o desempenho dos participantes cegos e o dos que enxergavam.

A necessidade de se ter uma experiência ampla do mundo espacial para construir mapas cognitivos que sejam eficazes também é evidente. O sentido da visão pode predominar nessa percepção espacial, mas ela é uma noção que se desenvolve a partir da nossa experiência de caminhar no mundo e, em grande medida, é independente de qualquer outro sentido que utilizamos para interagir com o ambiente. Nossa percepção espacial é apenas um pouco parecida com os nossos sentidos de visão, audição ou de movimento, contudo é mais abstrata e menos imediata do que qualquer um deles, pois é essencialmente construída a partir das informações que são fornecidas por esses outros sentidos. Ela oferece um mapa das possibilidades de movimento no mundo, sempre nos dando as opções de ação ("o que fazer") e de localização no espaço ("onde estou e para onde vou") de que precisamos conforme nos deslocamos.

Além disso, poder andar pelo mundo mesmo sem enxergar garante que somos capazes de aprender sobre o nosso entorno.

Sabemos que a formação hipocampal no cérebro, no qual está inscrito o mapa cognitivo do mundo, recebe informações de *todos* os sentidos, além das respostas do sistema motor. Mesmo que não estejamos cientes do poder da nossa percepção espacial, ela existe e é ativada de forma mais eficaz na velocidade da caminhada. A título de comparação, essa percepção seria um pouco como um sistema operacional para os outros sentidos: a arquitetura invisível por trás dos documentos que vemos na tela do computador; sem ela, nada funciona.

Contudo, mesmo que agora saibamos que a visão não é uma necessidade para nos movermos com precisão em nosso ambiente, mas apenas um ingrediente que compõe a nossa percepção espacial, as grandes questões permanecem: como sabemos onde estamos e como identificar os caminhos que levam ao nosso destino?

A resposta está em um trabalho realizado há cerca de setenta anos pelo psicólogo Edward Chace Tolman, da Universidade da Califórnia, em Berkeley, que foi o primeiro a apresentar a ideia de "mapa cognitivo", uma representação abstrata do nosso entorno criada pelo cérebro, que permite o deslocamento pelo mundo tridimensional.[3] O psicólogo estudou o comportamento de ratos em labirintos e estava principalmente interessado em um fenômeno conhecido como "aprendizagem latente" ("latente" porque, no caso da pesquisa, o que o rato aprende não se manifesta de imediato no seu comportamento). Tolman escolheu uma estratégia simples, mas reveladora. Ele permitiu que os ratos perambulassem por labirintos complexos, onde encontrariam de vez em quando uma porção generosa de alimento, que seria colocada em um local específico, ao qual chegariam por uma rota determinada e mediante movimentos motores particulares — se virassem somente à esquerda, por exemplo. O psicólogo, então, bloqueou certas passagens do labirinto. O que os ratos fariam ao descobrir que a rota premiada estava inacessível? Realizariam a sequência prévia de movimentos motores que resultou em uma recompensa?[4] Na época, uma discussão — difícil de ser aceita hoje — agitava a área da psicologia: se agimos de determinada maneira (assim como os ratos, os camundongos e os macacos) apenas porque as recompensas e as punições do passado impulsionaram o nosso comportamento de forma explícita. Nesse contexto, as tentativas de compreender e de prever o modo de agir deveriam ser entendidas considerando os estímulos que levam a respostas. Esse conceito foi algumas vezes chamado de behaviorismo de estímulo-resposta (ou S-R).

Tolman adotou um ponto de vista diferente, influenciado pela Gestalt, uma importante tendência teórica da psicologia durante a metade do século XX, que se concentrava na maneira como percebemos o mundo como um todo, de forma mais ou menos instantânea, em vez de como componentes que precisam ser montados pouco a pouco. Embora ele não gostasse da tradução que foi dada para a famosa frase "O todo é maior do que a soma das partes", esta deriva do alemão do psicanalista gestaltiano Kurt Koffka.[5] Não seria exagero dizer que Tolman poderia ter se perguntado se os ratos de seu experimento eram gestaltianos. Será que os ratos frustrados — ele especulou — que correm pelo labirinto percebem a situação como um todo e baseiam suas ações futuras no que aprenderam com a experiência passada sobre as propriedades gerais do labirinto?

Se os behavioristas estivessem corretos, o rato insistiria na tentativa de seguir os mesmos caminhos que antes o levaram até a recompensa e ficaria perplexo com a nova obstrução da passagem. Se a visão gestaltiana fosse a correta, o rato pensaria rapidamente em uma rota alternativa para alcançar o alimento. E a visão gestaltiana estava correta. Enquanto exploraram livremente o labirinto, os ratos de Tolman aprenderam por caso e de forma automática algo sobre o desenho geral do espaço — eles estavam ou aprendendo, ou induzindo, ou inferindo algo como um "mapa de reconhecimento" do labirinto. Além disso, puderam usar esse mapa para solucionar problemas. O estudo de Tolman sugere que ratos e humanos têm um "mapa cognitivo" que é a base de nossa compreensão do espaço tridimensional estendido que habitamos.

Esse experimento aparentemente simples foi um marco no entendimento de como percorremos o mundo. Ele revelou que os animais testados (e, ao que tudo indica, os humanos) desenvolvem rapidamente mapas internos do mundo, que orientam de forma flexível o comportamento direcionado a metas. Agora, em que parte do cérebro está esse mapa?

O essencial para percorrer o nosso mundo é saber onde estamos e para onde queremos ir e, então, seguir para lá. Sem o registro dessas informações, nos perderemos. Se carregamos um mapa mental para qualquer lugar a que vamos, o que acontece quando todos as sinalizações desaparecem?

Um experimento abordou especificamente essa questão.[6] Os participantes deveriam caminhar ou por uma floresta densa e extensa, ou pelo deserto do Saara. A tarefa era simples: andar em linha reta durante um período mínimo estabelecido, em geral poucas horas. Alguns andavam de dia, outros à noite. Todos usavam dispositivos de rastreamento por GPS. Enquanto caminhavam sem pistas visuais confiáveis, em meio à neblina ou com o sol encoberto por nuvens pesadas, os indivíduos se desviavam naturalmente para a esquerda ou para a direita e acabavam cruzando o caminho em que haviam estado. Já em plena luz do dia, às vezes se desviavam de um trajeto reto, mas não andavam sistematicamente em círculos nem cruzavam várias vezes o próprio caminho. O resultado foi o mesmo à luz do luar. Ou seja, a presença de um sinal evidente e quase sempre constante no céu, emitido pelo Sol ou por seu reflexo na Lua, permitia que andassem muitas vezes em linha reta e mantendo um ângulo relativamente estável entre eles e os corpos celestes.

Na sequência, o experimento foi transferido para um aeródromo e os participantes foram vendados. Sem informação visual externa constante para ajustar os seus trajetos, após os primeiros cem metros, mais ou menos, eles começaram a dar voltas em círculos com cerca de vinte metros de diâmetro. A lição aqui é clara: os humanos têm um senso de direção interno que funciona bem enquanto caminham por distâncias curtas que não ultrapassem dezenas de metros, mas, em rotas mais longas, sem pontos de referência constantes para reajustar sua posição, sempre se desviam das trajetórias retilíneas e muitas vezes acabam andando em círculos.

Podemos pesquisar como essas falhas de percurso ocorrem se usarmos a realidade virtual (RV) — uma tecnologia recente que beneficia os estudos da psicologia experimental e da neurociência. A RV nos permite construir cidades virtuais complexas e, em seguida, pedir aos participantes que as explorem para observarmos como surgem os erros. O que gera esses erros é a defasagem entre o nosso mapa cognitivo (nossa "visão cerebral" do mundo) e a realidade: o mundo como é de fato, implacável.

Para chegar aonde se quer ir, duas estimativas são sempre necessárias: uma é a estimativa da distância em *linha reta*, seguindo reto sempre em frente, até o destino; a outra é uma estimativa *no terreno*, que pode apresentar distâncias extras devido à presença de obstáculos. Mesmo os destinos com trajetos bastante diretos podem exigir algum grau de circum-navegação, que significa precisar virar à esquerda ou à direita em algum momento do percurso.

Em um estudo recente, um grupo de cientistas quis saber se existem distorções em nossas estimativas com relação ao tempo que se leva, à distância percorrida ou a ambos para chegar a algum lugar.[7] Eles criaram uma cidade virtual e pediram aos participantes para agirem como entregadores de pizza. A tarefa era dirigir a uma velocidade constante de 35 quilômetros por hora para destinos em que poderiam chegar diretamente, com o mínimo de desvios da rota, ou para outros que exigiam um número considerável de voltas para ser atingido. As rotas simples eram em forma de L e tinham uma única curva, já as mais complexas eram em U, o que exigia que os entregadores retornassem quase ao ponto de origem para poder chegar ao destino. No geral, os participantes subestimaram o tempo que levariam para atingir o objetivo e superestimaram a distância em linha reta, com a mesma frequência. O que esse comportamento confirma é a ideia falaciosa de que “não vai demorar muito para chegar lá”. Subestimamos os tempos de viagem devido a erros de cálculo relativos à distância — e esses erros surgem porque subestimamos a complexidade dos caminhos que temos que percorrer.

Embora haja uma variedade considerável de maneiras pelas quais podemos nos perder, também é surpreendente o quanto somos capazes de acertar o caminho. Qual é a aptidão que nos permite fazer isso? Todos já ficamos satisfeitos por encontrar logo o caminho certo — mesmo sem saber a rota exata e usar apenas as orientações de pontos de referência, sinais e instintos que são difíceis de explicar com precisão — ou de retornar a um lugar após anos e descobrir que ainda sabemos nos locomover por lá. Como isso é possível? Na verdade, o cérebro tem o próprio sistema, semelhante a um GPS, e aqui vamos explorar as muitas descobertas espetaculares que foram feitas sobre esse assunto.

No entanto, o fator extra que nos ajuda a achar o caminho é o fato de sermos bons em refletir sobre o passado e em imaginar futuros alternativos — uma capacidade que talvez só os humanos tenham. O sistema GPS do cérebro se aproveita disso e nos permite fazer uma viagem mental no tempo, por meio de memórias ou imaginando mudanças posteriores. Esse mapa é mais do tempo do que do espaço, mas é igualmente essencial. Pessoas com perdas no sistema GPS do cérebro muitas vezes perdem acesso ao seu passado, acham difícil reter memórias contínuas e não podem imaginar o futuro. A neurocientista Suzanne Corkin, que foi pioneira no estudo da amnésia e faleceu em 2016, formulou uma frase comovente sobre essas pessoas, em que dizia que suas vidas se resumem a um "presente permanente".[8]

A percepção da passagem do tempo está vinculada não apenas à memória, mas também à imaginação. Curiosamente, os amnésicos não demonstram um grande sentimento de angústia com relação ao presente permanente, que pode parecer algo como um purgatório para o restante de nós. É quase como se a perda da própria linha do tempo e das alternativas que essas pessoas imaginam para o futuro fosse acompanhada por um reajuste no modo como vivenciam o mundo delas. O que isso sugere é que a dor experimentada por causa de qualquer evento que altere a vida (como a morte de um ente querido) em parte poderia surgir não de uma perda no presente, mas também da perda de futuros imaginados.

Além de simular passados e futuros distintos, também somos capazes de projetar várias rotas e caminhos que cheguem a um destino. A chave do mistério de uma vida mental rica e imaginada pode estar parcialmente na atividade de regiões do cérebro que fazem o planejamento prévio e que dão suporte ao caminhar no mundo real, mas que não participam diretamente de sua execução. A formação hipocampal não controla os movimentos das pernas, por exemplo, mas cria o mapa do mundo que permite a outras regiões do cérebro comandar os movimentos que vão nos encaminhar ao destino desejado.

Para nos guiarmos através das partes do cérebro que estamos prestes a conhecer, precisamos de um jeito simples de refletir sobre a sua anatomia. Vamos tentar o seguinte: feche a mão direita e erga o antebraço na vertical, com o cotovelo dobrado; agora, apoie a mão esquerda sobre ela, de modo que o polegar esquerdo aponte para a direita. Nessa posição, imaginem que o punho e o antebraço direitos são a medula espinhal, o punho cerrado é o tálamo e a mão esquerda é o neocórtex. Essa é uma representação muito rudimentar; na verdade, a divisão do cérebro é bem precisa, com uma parte sendo um reflexo quase idêntico da outra, por exemplo. Mesmo assim, vamos considerar que o polegar direito corresponda à estrutura da qual falaremos várias vezes, a formação hipocampal esquerda — temos duas delas —, embora o normal seja que elas estejam revestidas por tecido cerebral. Essas formações partem mais ou menos de trás da orelha e seguem até a têmpora. O sistema de cognição espacial do cérebro corresponde aproximadamente a partes do tálamo (de acordo com a nossa representação, essas partes seriam os nós dos dedos direitos que estão cobertos pela mão esquerda), à formação hipocampal e a várias outras estruturas corticais (representadas pelos dedos esquerdos e suas articulações).

As funções dessas regiões do cérebro podem ser examinadas com o auxílio de vários métodos. O mais antigo se baseia em acidentes: um fato trágico para os acidentados, mas uma oportunidade única de pesquisa para os neurocientistas. As pessoas podem recorrer ao atendimento médico porque sofreram um acidente vascular cerebral (AVC), têm um tumor cerebral ou adquiriram uma infecção que destruiu parte do cérebro. Elas podem ter sofrido uma lesão incomum na cabeça devido a uma queda ou a um objeto estranho que penetrou o cérebro. Ainda mais raro, por alguma razão que se desconhece, toda uma região do cérebro pode não ter se desenvolvido como o esperado. Esse é um caso de pacientes com "agenesia", que pode oferecer pistas importantes sobre as funções de certas regiões do cérebro.

É raro um único paciente que apresente uma lesão limitada a uma região específica que seja capaz de comprometer de forma isolada um conjunto de funções. Entretanto, ao compilar cuidadosamente os casos de pacientes que sofrem tipos específicos de lesões, é possível atribuir determinadas funções a regiões do cérebro. Ultimamente, outros métodos se tornaram disponíveis, incluindo várias técnicas de captação de imagens do cérebro, como também de medição da atividade elétrica inerente ao órgão — principalmente o eletroencefalograma (EEG). A combinação dessas técnicas com métodos experimentais da psicologia deu surgimento à "neurociência cognitiva", que busca mapear funções psicológicas específicas em regiões e redes do cérebro.

Um paciente muito famoso, conhecido pelas iniciais H.M., sofreu um acidente de bicicleta na infância, o que resultou em um quadro de epilepsia grave. Aparentemente, o foco epiléptico estava localizado na formação hipocampal de ambos os lados do cérebro. A área afetada foi removida em 1953, em um procedimento que o cirurgião William Scoville chamou de uma "operação claramente experimental". O resultado da cirurgia amenizou o quadro epilético de H. M., mas ele permaneceu com uma amnésia grave, sem solução e duradoura. Como a sua história é bastante documentada,* não vou me deter em todos os problemas que afetaram o paciente, mas há um que é surpreendente. Após a operação, ele passou a ter sintomas graves de agnosia espacial: se perdia com facilidade e não conseguia aprender a se orientar em trajetos por ambientes novos. Todas as formas de aprendizagem que conhecemos sobre o mundo foram negadas a ele.

A formação hipocampal é necessária para aprendermos a nos posicionar no espaço. Como veremos, ela é ativada pelo caminhar ou pelo movimento voluntário ao gerar um ritmo elétrico seguro e repetitivo no cérebro. Em ratos, esse ritmo é chamado de "teta", e a sua ativação durante a caminhada é necessária para o aprendizado espacial. O movimento é essencial para construirmos o nosso conhecimento do mundo, e a melhor forma de movimento para essa construção, é se locomover fisicamente; caminhar talvez seja a melhor forma de locomoção, pois nos proporciona os mesmos intervalos de tempo (o mesmo ritmo) com os quais evoluímos, e nos quais conseguimos captar informações do ambiente com mais facilidade.

O teta é uma assinatura biológica importante e interessante para o movimento ativo, pelo menos na formação hipocampal do rato. O pressuposto de que o ritmo existiria no cérebro

* O "paciente H. M.", iniciais do norte-americano Henry Gustav Molaison (1926–2008), é um dos principais estudos de caso da neurociência, principalmente em relação ao funcionamento da memória.

humano, já que fora observado em ratos enquanto se moviam,[9] foi válido por muito tempo. Entretanto, não era possível realizar em humanos experimentos semelhantes aos aplicados nos ratos — a descoberta do ritmo teta em nossa espécie dependia do surgimento de circunstâncias neurocirúrgicas especiais. Os métodos convencionais implicam o registro do sinal de eletroencefalograma (EEG) captados do couro cabeludo, mas a localização da formação hipocampal faz com que a detecção do ritmo teta no hipocampo seja extremamente difícil: ele pode estar lá em algum lugar, mas encontrar o teta, *se é que está presente*, é um desafio.

A última geração de sistemas miniaturizados de registro neurofisiológico, no entanto, permite justamente essa detecção em pacientes que utilizam eletrodos implantados para fins de avaliação para cirurgia de epilepsia.[10] O que o estudo mostra é que o teta está de fato presente e, para todos os efeitos, ele difere pouco do teta no rato que se movimenta e explora livremente o ambiente. Os humanos, como todos os outros mamíferos testados, geram um teta hipocampal quando estão caminhando. Em outras palavras, o ritmo teta é algo como um tipo universal biológico; conservado através das espécies, ele é um sinal de que o cérebro está engajado na exploração ativa e no movimento dentro de um espaço.

Caminhar é possível porque áreas do cérebro se associam e organizam temporariamente os grupos musculares que permitem a execução desse movimento. Vamos explorar como os ratos criam mapas cognitivos conforme andam pelos labirintos. O que acontece em seus cérebros enquanto fazem isso?

Fascinado pelas importantes percepções de Tolman sobre o mapa cognitivo, o neurocientista John O'Keefe realizou experimentos na University College de Londres que deram início à revolução moderna na compreensão do sistema GPS do cérebro. Ele implantou microeletrodos no hipocampo de ratos e registrou os sinais elétricos que as células do cérebro emitiam enquanto os animais perambulavam por labirintos simples em busca de alimento.[11] Os sinais elétricos que as células produzem individualmente são tão pequenos que precisam ser amplificados 10 mil vezes para serem detectados. Em geral, os sinais são baixados em um computador e reproduzidos pelo do alto-falante enquanto a localização do rato é monitorada por uma câmera de vídeo. Em seguida, é realizado algum processamento de dados para produzir um conjunto heterogêneo de mapas comportamentais que combinam a posição da célula ativada com a do rato no labirinto.

As células do cérebro emitem sons característicos distintos quando são reproduzidas por um alto-falante (há muitas gravações disponíveis na internet). Alguns parecem o zumbido de abelhas irritadas, algo como BZZ-BZZZ-BZZZZ-BZZ-BZZ. Outros soam como uma vespa moribunda, que faz BZUMMM-BZUMMM--BZUMMM, fica em silêncio e, de repente, se recupera. Ouvir a conversa neuronal constante é uma experiência surpreendente e que nos faz refletir. Sabemos que estamos ouvindo uma célula situada próximo à extremidade do eletrodo e que ela conversa tanto com suas vizinhas mais próximas quanto com as mais distantes: estamos experimentando algo — escutando algo — que é normalmente inacessível e acontece no interior profundo, escuro e silencioso do cérebro. Decodificar esses sons e sinais é o caminho para compreender o funcionamento do cérebro, célula a célula, neurônio a neurônio.

O'Keefe fez uma descoberta surpreendente que lhe valeria o prêmio Nobel: as células individuais do hipocampo permaneciam quase sempre em silêncio, exceto quando o rato explorava uma região em particular do labirinto. Essas células se ativavam em um *local* específico — ou seja, o interesse delas é no *onde você está*, e não no que está fazendo. O rato entrava em um espaço determinado do labirinto, e uma célula silenciosa ganhava vida. Se ele permanecesse ali, a célula se manteria ativa, transmitindo a localização do roedor para as suas células amigas e vizinhas. Usar vários eletrodos de uma vez para registrar a atividade de muitas dessas células do hipocampo revela um fenômeno semelhante ao funcionamento do jogo infantil de bater com um martelinho nas cabeças de bonecos que surgem aleatoriamente de vários buracos espalhados pelo tabuleiro: enquanto o rato caminha pelo espaço, uma célula fica em silêncio, outra se ativa, e assim sucessivamente. A imagem completa da atividade hipocampal abrange todo o ambiente em questão. Fica claro também que caminhar é a chave, pois ratos que são transportados em carrinhos apresentam uma atividade drasticamente reduzida no hipocampo.

Com a implantação de microeletrodos no cérebro humano, aprendemos que nós também temos células de lugar.[12] Elas são consideradas os elementos centrais do mapa cognitivo — informam onde estamos no mundo e, quando estamos caminhando, funcionam melhor e adquirem mais informações.

Algumas vezes, as células de lugar também podem codificar para qual direção o rato aponta. Seus registros são frequentes em experimentos com "labirintos radiais" — uma configuração experimental formada por corredores que levam até uma base central, e não a uma saída. Neles, a tarefa do rato é percorrer o caminho até o centro, onde irá encontrar os grãos de alimento. Nessas circunstâncias, as células de lugar apresentam preferências direcionais: vão se ativar em uma direção, mas não em outra. Parte do problema quando estamos perdidos, seja em uma caminhada, uma colina ou uma parte desconhecida da cidade, é que provavelmente andamos em uma única direção. Nossas células de lugar vão se ativar nesse caso, mas não se mudarmos a rota. E quando percebemos que estamos perdidos, é porque houve interrupção no fornecimento do sinal contínuo gerado pelas células de lugar do hipocampo.

A atividade dessas células de lugar também pode ser observada em experimentos de imagem cerebral que apresentam um nível bastante alto de atividade no hipocampo durante a exploração de labirintos virtuais.[13] Muitos dos primeiros experimentos de geração de imagens da atividade cerebral durante testes de orientação e exploração se baseavam em uma fonte inesperada: o desenvolvimento de videogames tridimensionais e com visual sofisticado, como os de ataque e sobrevivência jogados em primeira pessoa. Jogos como *Soldier of Fortune* e *Doom* trazem vários desafios como percorrer caminhos extensos e difíceis, muitas vezes mal iluminados e sem saída. Por acaso, também proporcionam uma janela de observação quase perfeita da capacidade de orientação e de aprendizagem latente que é necessária para a solução de labirintos complexos. O realismo adicional de correr o risco de ser morto pode até lembrar a perseguição de nossa espécie a animais selvagens há milênios... Nesses experimentos, o sujeito joga uma versão reduzida do videogame enquanto está deitado no interior de uma máquina de ressonância IRMf. A atividade em diferentes áreas do cérebro é medida em turnos, e se detecta com segurança um sinal próximo a uma rede de regiões conectadas e centralizadas no hipocampo.

Na primeira vez que divulgou a pesquisa, a descrição das células de lugar feita por O'Keefe deve ter soado quase como um milagre. Havia células no interior mais profundo do cérebro, cuja atividade podia ser gravada, ouvida e observada em tempo real. Quando O'Keefe realizou o seu experimento, poucos laboratórios no mundo eram capazes de registrar a atividade de células cerebrais individuais a partir do comportamento real do animal ou mesmo do humano. Em geral, esses experimentos tinham que ser feitos após a cobaia estar completamente anestesiada. Durante alguns anos, é provável que houvesse quem visse o trabalho de O'Keefe com certa indiferença benigna e falta de curiosidade. Aos poucos, porém, a evidência que produziu fez com que outros cientistas seguissem os seus passos.

Um deles foi James B. Ranck Jr., de Nova York. Ranck também fez gravações na formação hipocampal, mas não percebeu a existência de células de lugar porque utilizou ambientes pequenos e limitados, como caixas, o que restringiu o espaço que o rato tinha para caminhar e explorar.[14] Entretanto, Ranck faria depois, por conta própria, uma descoberta surpreendente, quando descreveu o que viria a ser chamado de "células de direção da cabeça".[15] Trata-se de células de outra região do cérebro, o pré-subículo dorsal, que é adjacente à formação hipocampal, mas que não faz parte de sua anatomia. Células de direção da cabeça sinalizavam informações direcionais sobre a posição da cabeça do rato, de forma semelhante a uma bússola. Essas células também são independentes do comportamento, assim como as células de lugar, e são ativadas pela orientação do animal, não pelos movimentos de rotação ou transladação de sua cabeça. Em outras palavras, não estão interessadas no que o indivíduo está fazendo — elas se preocupam com a maneira como ele se orienta no espaço.

Enfim, agora começamos a reunir os elementos para elaborar um mapa cognitivo adequado no cérebro. Em relação ao nosso ambiente, as células de lugar codificam onde estamos, ao passo que as células de direção da cabeça codificam a nossa orientação nesse espaço. Em outas palavras, há duas populações de células cerebrais que estão diretamente envolvidas em saber onde estamos e para onde vamos. Além disso, desde o início dos anos 2000, tem sido identificada uma variedade surpreendente de células no que poderia ser definido como o sistema da formação hipocampal extensa. No córtex entorrinal, por exemplo, os pesquisadores noruegueses Edward Moser e May Britt Moser, descobriram células que se tornaram conhecidas como "células de grade". Essa descoberta serviu para responder à questão de longa data sobre como o cérebro conhece as dimensões do espaço: pelo menos em distâncias reduzidas, as células de grade do córtex entorrinal parecem fornecer um indicador que o cérebro utiliza para codificar as distâncias. O'Keefe e os Moser dividiram um prêmio Nobel pelo trabalho que desenvolveram sobre o GPS do cérebro.[16]

Hoje se sabe que o sistema GPS do cérebro é distribuído por múltiplas regiões interconectadas do órgão. Além disso, há muitos outros tipos de célula que contribuem para a percepção de espaço. As células de lugar sinalizam onde estamos; as células de direção da cabeça indicam para onde estamos indo; as células limítrofes do subículo, do tálamo anterior e do claustro nos informam sobre os limites do ambiente em que estamos; e as células de grade fornecem um indicador do espaço. Além do sistema GPS central, há outras células que sinalizam a distância até os objetos, a velocidade de movimento da cabeça e do corpo e a nossa posição vertical relativa. Agora, a imagem do mapa cognitivo está se tornando mais complexa. Nos últimos anos, muitos outros tipos de células têm sido identificados, e um estudo sugere que existem células de direção da cabeça em pelo menos nove regiões cerebrais distintas.[17] Além disso, o cérebro também tem representações múltiplas dos perímetros dos ambientes, células que se ativam somente quando o animal está próximo a um limite intransponível: por exemplo, paredes ou quedas verticais que não podem ser transpostas.

Na minha pesquisa, me concentrei em entender as células que sinalizam para onde estamos indo enquanto estamos em movimento, a posição dos limites em ambientes de labirinto e a presença de objetos imóveis no espaço.[18] Descobrimos células perimetrais (que indicam a presença de limites) em duas regiões cerebrais distintas. Uma no tálamo rostral, que está amplamente conectado à formação hipocampal; e a outra no claustro, uma camada celular fina e misteriosa voltada para a parte frontal do cérebro. Também foram encontradas células que reagem à presença de objetos dentro do ambiente. Elas combinam fontes de informação da visão, do tato e do lugar para codificar determinados objetos: são células "multissensoriais". Outras células reagem a objetivos para os quais o rato, por exemplo, poderia estar se deslocando: elas ficam ativas quando o animal se aproxima de uma recompensa (o alimento) em um labirinto.

A rede GPS no cérebro torna possível o movimento coerente e direcionado do corpo que conhecemos como caminhar. O sistema GPS do órgão também existe em espécies muito divergentes — ele foi "conservado" pela evolução. Além de ampliar os limites do nosso conhecimento sobre o cérebro, essas descobertas também levaram ao desenvolvimento de robôs "biologicamente plausíveis", que tentam solucionar problemas de deslocamento de modo semelhante ao dos cérebros biológicos. Os sistemas de locomoção, mapeamento e memória do cérebro são tão interligados que se tornam quase um só. Caminhar para algum lugar depende do sistema de locomoção; por sua vez, essa mesma atividade possibilita obter uma quantidade imensa de informação contínua para alimentar os sistemas de mapeamento e de locomoção do cérebro. São sistemas que se enriquecem e fortalecem mutuamente.

O que ainda não podemos adivinhar é se há uma verdadeira coleção de outras células esperando para serem mapeadas por cartógrafos neurocientistas. As células de direção da cabeça foram encontradas em pelo menos nove regiões do cérebro. Por outro lado, as células de lugar só foram identificadas em três, e as células grade, em duas. Não temos uma boa teoria para explicar por que o cérebro deveria manter essas múltiplas codificações de direção da cabeça em tantos locais diferentes. A minha opinião é que o campo da neurociência tem subestimado a importância do sinal de direção da cabeça e que essa direção desempenha um papel sutil e ainda não bem compreendido em nosso processo de cognição quando estamos em movimento. Se observarmos um grupo de ratos brincando, procurando comida ou correndo de um lado para o outro em um ambiente, uma das coisas que vamos notar é que suas cabeças se movem de forma mais ou menos constante. Eles estão ocupados com o que pode ser chamado de coleta contínua de informação sobre o que está acontecendo ao redor.

E a cabeça humana? Temos uma cabeça muito móvel, além de olhos que se mexem com independência, apesar dessa mobilidade. Se passarmos um tempo observando outras pessoas interagindo, fica evidente como as nossas cabeças sempre passam por mudanças sutis de orientação, enquanto os olhos também se movem de forma contínua, permitindo a exploração constante do ambiente. Tanto os humanos quanto os primatas não humanos têm um sistema especialmente complexo que controla o movimento dos olhos na cabeça e permite focar a atenção em qualquer coisa interessante que aconteça no ambiente, não importando a posição dos olhos naquele momento. Sob essa perspectiva, portanto, a multiplicidade de sinais que codificam a direção da cabeça não é tão surpreendente. Se a informação relativa à direção da cabeça está presente em tantas regiões do cérebro, provavelmente é para possibilitar um rápido movimento, primeiro dos olhos e depois da própria cabeça, a fim de nos afastarmos ou nos aproximarmos do que despertou o nosso interesse e nos permitir tomar decisões rápidas a respeito disso.

O trabalho de O'Keefe, e o de pesquisadores que o sucederam, revela um entendimento profundo e intelectualmente satisfatório de como o cérebro codifica a posição tridimensional no espaço. Para começar, o cérebro *tem* de fato um sistema semelhante a um GPS. Esse GPS cerebral codifica a nossa posição no mundo, independentemente do que estamos fazendo naquele espaço, e permite que animais e humanos solucionem problemas que são absolutamente fundamentais para a sobrevivência: por exemplo, achar e se lembrar de locais seguros e protegidos para usar como abrigo ou encontrar fontes de alimento confiáveis. Esse sistema é ativado por movimentos como caminhar ou correr. No caso dos humanos, nós também nos apropriamos do GPS do cérebro para possibilitar a viagem mental no tempo, além de dar suporte à viagem física no espaço. Ele permite lidar até com os problemas relacionados à existência de predadores no ambiente. Aprendemos onde estão os refúgios possíveis, e sabemos onde estão os seus limites, devido à "aprendizagem latente" realizada durante a exploração; também aprendemos a utilizar essa informação de forma rápida e eficaz para não virarmos refeição dos predadores.

Até aqui, a nossa jornada a pé nos levou a descobrir como encontramos o nosso caminho, como nos perdemos e como construímos os nossos mapas internos do mundo que habitamos. Um mundo que é cada vez mais urbano e, também, mais complexo. O espaço urbano é um mundo artificial, completamente diferente de tudo o que existe no mundo natural em que evoluímos. Hoje, a maioria dos humanos vive e, portanto, caminha em um ambiente construído — seja uma aldeia, um povoado ou, sobretudo, uma cidade. Agora, vamos percorrer as ruas da cidade e ver como elas moldam o nosso caminhar.

5.

A cidade aos nossos pés

Caminhar por uma cidade é a melhor maneira de conhecê-la. Não é possível se familiarizar com a alma de um lugar, com a sua energia e o seu ritmo, quando se está dirigindo ou dentro de um veículo. A pé, estamos em contato direto com a vida da cidade e com tudo o que ela tem de bom ou de ruim: os cheiros, as paisagens, o som dos passos nas calçadas, o empurra-empurra em busca de acomodação e espaço, as luzes das ruas, os fragmentos de conversas.

Eu não sou o único que adora a vida urbana. Na literatura, talvez o citadino mais famoso seja o *flâneur* imortalizado pelo poeta e escritor francês Charles Baudelaire (1821–67) — um caminhante despreocupado, um observador e narrador da Paris do século XIX. Obviamente, as nossas cidades mudaram muito desde então — para começar, elas agora são dominadas pelo tráfego de veículos, o que obriga o *flâneur* a parar e esperar pelo sinal verde nas faixas de pedestres. Ainda mais dramático, porém, é saber que mais da metade da população mundial vive hoje em áreas urbanas, e que as estimativas futuras indicam que essa tendência só tende a aumentar. Projeções feitas pela Organização das Nações Unidas (ONU) estimam que o crescimento populacional será de 2,9 bilhões nas próximas três décadas e, possivelmente, de mais 3 bilhões até o final do século XXI. Até 2050, é provável que sejamos uma espécie majoritariamente urbana, com 80 a 90% da população vivendo em cidades de pequeno a grande porte.

Então, o que essa urbanização drástica significa para a nossa capacidade de flanar pela cidade? Qual é a facilidade para se locomover a pé em um ambiente urbano? Qual é a experiência real de caminhar pela cidade? É claro que andar por nossas cidades, sejam elas pequenas ou grandes, traz uma série de desafios diferentes em comparação com caminhar na natureza. Quando fazemos trilhas em montanhas, muitas vezes seguimos por caminhos que foram abertos por milhões de passos ao longo de muitas gerações. Isso não acontece nas cidades modernas. Os lugares e as superfícies por onde andamos não são o resultado prévio de movimentos humanos naturais, mas de projeto e construção deliberados. As calçadas variam em textura e padrão. Algumas são feitas de cimento derramado e moldado no local; outras, de grandes placas de concreto aplicadas. Alguém tem que estudar como elas devem ser feitas, projetá-las e colocá-las de modo que se tornem, com sorte, uma parte bonita do nosso ambiente de caminhada. Elas precisam ser antiderrapantes em lugares onde neva? O tipo de pavimento vai oferecer resistência ao caminhar ou um pouco de flexibilidade para facilitar a atividade? E, claro, elas precisam ser financiadas, o que leva à cobrança de impostos e ao uso adequado do dinheiro arrecadado.

Em um número muito grande de cidades, no entanto, a prioridade do responsável pelo planejamento urbano é a gestão do tráfego de veículos, e a garantia de que as nossas cidades sejam adequadas e seguras para serem percorridas a pé é algo secundário. É como se os engenheiros e outros profissionais da área concebessem as nossas vidas como se estivessem contidas em caixas: as móveis (os automóveis) e as estáticas (os prédios). A caminhabilidade é reduzida às zonas de transição pouco extensas entre essas caixas — ou seja, aos espaços de movimentação entre os automóveis e os prédios. Eles têm razão em alguns aspectos. Passamos a maior parte da vida dentro de carros, ônibus, trens ou prédios, e relativamente pouco tempo ao ar livre e sentindo no rosto a luz natural. Essa falta de exposição à natureza é algo que surge de maneira espontânea e em consequência do projeto de ambiente construído em que vivemos, a não ser que tomemos medidas deliberadas para revogá-lo.

Os urbanistas encurralam os caminhantes em faixas de pedestres de cruzamentos que restringem o seu movimento natural, e é por isso que, muitas vezes, eles acabam por forjar caminhos próprios e contrários aos projetados pelos engenheiros. Essas trilhas e atalhos são o que o designer e arquiteto Andrew Furman batizou de "caminhos de desejo", e que o escritor Robert Macfarlane chama de "rotas do livre arbítrio". Macfarlane escreve que esses são os "caminhos e trilhas feitos ao longo do tempo pelos desejos e pelos pés dos caminhantes, especialmente aqueles caminhos que seguem na direção contrária ao design ou ao planejamento".[1]

Ainda estamos aprendendo as lições da urbanização e como ela afeta todos os aspectos da vida. No entanto, o design urbano é algo que pertence e é praticado por arquitetos e urbanistas, em vez de envolver neurocientistas ou psicólogos na sua criação. Isso é realmente uma pena, algo a ser lamentado, pois, como veremos, tanto a psicologia quanto a neurociência podem trazer perspectiva científica e sensibilidade significativas para o design urbano no sentido de melhorar a habitabilidade e caminhabilidade de uma cidade. Um projeto urbano que leve em conta de forma completa e adequada as necessidades dos pedestres tornará as cidades lugares muito mais atraentes para se viver e trabalhar. Winston Churchill disse a famosa frase: "Nós moldamos nossos edifícios, depois nossos edifícios nos moldam".[2] De maneira similar, primeiro moldamos as nossas cidades, e depois as nossas cidades nos moldam. Para aprofundar a metáfora, as nossas cidades nos acompanham, pois a forma das cidades que criamos determina a forma do nosso caminhar urbano, para o bem ou para o mal.

As cidades têm um grande potencial para se tornarem mais propícias à mobilidade a pé no futuro, o que beneficiará a todos nós. Precisamos de ações criativas que combinem as necessidades dos pedestres com o conhecimento especializado dos planejadores urbanos, por um lado, e o dos psicólogos e neurocientistas, por outro. Por sua vez, a ciência, a imaginação e as evidências precisam ser transformadas em política pública e, a partir daí, traduzidas em ruas bonitas e interessantes, tranquilas, variadas e de qualidade. Projetos de faixas de pedestres, mobiliário urbano, a textura e o tipo de calçadas e passeios públicos, a presença de carros e ônibus — todos esses elementos agem a favor ou contra a nossa capacidade de caminhar nas cidades.

Algumas cidades são permeáveis e fluidas, o que faz com que caminhar por elas seja uma alegria; outras são incômodas, desconfortáveis, exaustivas e até perigosas para quem caminha. Uma ferramenta útil para pensar sobre como podemos caminhar pelos nossos ambientes e, em particular, como podemos comparar um ambiente a outro, é criar um "índice de caminhabilidade".[3] Esse índice pode ser concebido de várias maneiras, mas uma forma simples de refletir sobre ele é que deve medir a facilidade com que podemos fazer todas as tarefas cotidianas a pé em comparação com outros meios de transporte.

Uma cidade que pode ser percorrida a pé é aquela em que, quando saímos de casa ou do hotel e pisamos na rua, todas as comodidades estão a alguns minutos de caminhada, no máximo. Se o tempo permitir, podemos caminhar tranquilamente até o restaurante ou a escola do bairro. Um índice de caminhabilidade alto nos permite realizar o maior número possível de atividades cotidianas andando em vez de ser necessário recorrer a um automóvel. Algumas cidades, ou algumas regiões de algumas cidades, tornam isso muito mais viável do que outras. Bolonha, na Itália — um lugar perfeito para caminhar — foi elogiada pelo famoso escritor Umberto Eco como sendo "toda textura e nenhuma excrescência [...] é uma cidade de espaços comuns, arcadas, bares, lojas, uma cidade cujas linhas de visão são projetadas para encontrarmos as vitrines das lojas, as mesas dos cafés e os olhos de outras pessoas".4

No outro extremo da escala estão as cidades dependentes de automóvel, onde quase todas as atividades requerem um carro. Em um estudo realizado em uma amostra de cidades, foi demonstrado que quanto maior a caminhabilidade local, menor o seu índice de "desigualdade de atividade" (um indicador comparativo do quanto as pessoas de determinada região caminham; trata-se de uma medida semelhante à desigualdade de renda, que indica em que grau as rendas individuais são iguais ou diferentes em determinada população), o que significa que o índice de obesidade geral da população também foi menor.[5] Uma comparação realizada somente na Califórnia, nos

Estados Unidos, reafirma esse ponto. Foram selecionadas três cidades do estado (San Francisco, San Jose e Fremont) com clima semelhante, níveis econômicos não muito distintos e dados demográficos relativamente similares. San Francisco tem uma pontuação de caminhabilidade muito maior do que San Jose ou Fremont, e o seu índice de desigualdade de atividades é o mais baixo. Não é surpresa (em se tratando dos Estados Unidos) que Nova York, Boston e San Francisco estejam entre as cidades norte-americanas mais caminháveis e, como consequência, tenham os níveis mais altos da atividade de caminhar e os mais baixos de obesidade, em média. Obviamente, o contrário ocorre em cidades com índice de caminhabilidade baixo.

"A caminhabilidade é o que mais funciona nas melhores cidades", afirma o renomado urbanista Jeff Speck.[6] Segundo ele, as melhores caminhadas urbanas devem ser úteis, seguras, confortáveis e interessantes. Para que uma caminhada seja útil, de acordo com Speck, "a maioria dos aspectos da vida cotidiana deve estar próxima e organizada de forma que caminhar seja uma opção conveniente para acessá-los". A caminhada deve ser segura: isso é evidente, embora seja ignorado às vezes. Os pedestres não devem ser colocados em risco porque há motoristas que insistem em dirigir seus carros em alta velocidade, e os engenheiros urbanos devem considerar a locomoção a pé com, no mínimo, a mesma atenção com que tratam o tráfego de veículos. (Imagine se investíssemos em caminhar por nossas cidades tanto quanto investimos em dirigir por elas!) As caminhadas também devem ser confortáveis, e nesse ponto Speck esboça uma ideia poderosa: a de que os urbanistas e designers devem pensar as ruas das cidades como algo semelhante a "salas de estar ao ar livre". Para nós, os usuários e caminhantes das cidades, a paisagem urbana deveria ser receptiva e dispor de entretenimento, assentos, áreas de alimentação e diversão. Por fim, as caminhadas devem ser — têm que ser — interessantes. Para isso, Speck sugere que as nossas ruas tenham "edifícios únicos com fachadas amistosas e com sinais de humanidade em abundância".

O espaço mais óbvio e, muitas vezes, o mais agradável para caminhar na cidade, e que em geral preenche todos os quatro requisitos citados por Speck, é a área verde. Existe algum espaço urbano melhor para podermos desfrutar do que o Hyde Park de Londres, o Phoenix Park de Dublin, o Central Park de Nova York, o Jardim de Luxemburgo de Paris, o Cubbon Park de Bangalore ou os Jardins da Villa Borghese de Roma, para citar apenas alguns? No entanto, com a urbanização seguindo uma trajetória unidirecional, um medo comum e compreensível é o de que o desenvolvimento urbano tenha invadido e continue a invadir áreas históricas que correspondem a áreas verdes, o que significa que as árvores e as vegetações que contribuem para a redução do efeito de ilha de calor nas cidades estão deixando de existir. A Europa Ocidental tem uma cultura urbana de grandes parques, que se desenvolveu ao longo de vários séculos e que se manteve durante os períodos de fome, miséria e guerra do continente. Será que essas áreas verdes estão ameaçadas por uma invasão de concreto e piche?

Em um estudo que examinou a condição das áreas verdes em 366 cidades europeias, que juntas somam uma população de 171 milhões de pessoas, os pesquisadores encontraram uma variação drástica na quantidade de áreas verdes disponível entre uma cidade e outra.[7] Em Reggio Calabria, na Itália, a área verde compreende cerca de 2% de todo o espaço urbano, enquanto em Ferrol, na Espanha, ela representa 46% do espaço disponível. Será que isso acontece porque algumas cidades constroem sobre as suas áreas verdes quando estão se expandindo? Ou será que a área verde tem uma "aderência", que significa que ela tende a se manter assim uma vez que se torna verde? De acordo com o estudo, o que parece ocorrer é o aumento do uso mais intenso das edificações (maior aproveitamento do espaço existente), em vez do crescimento de edificações adicionais (o que expandiria a quantidade de espaço construído), significando que a área verde permanece relativamente estável, apesar das mudanças na população. Essa é uma boa notícia, no sentido de que o acesso fácil à natureza é uma contribuição vital e um apoio ao nosso bem-estar psicológico. Entretanto, conforme a população urbana cresce, a extensão de área verde disponível por pessoa necessariamente tende a diminuir.

Além do êxodo em massa para as cidades, talvez a outra mudança demográfica mais importante seja o fato de as populações estarem envelhecendo. Em geral, hoje, as pessoas vivem mais do que em qualquer outra época da história — em escala mundial, a expectativa média de vida é de 71,5 anos, em comparação com a de apenas 25 anos durante o Império Romano.[8] A maior parte dessa população envelhecida vai querer, ou ter que, viver em cidades. No entanto, as cidades serão *seguras* para elas? Nosso corpo e cérebro mudam à medida que envelhecemos, e essas mudanças incluem a diminuição da velocidade de caminhada e do tempo de reação. Levar em conta a fragilidade inevitável que acompanha o envelhecimento humano deve ser um imperativo no processo de planejamento das cidades. Os idosos podem se achar incapazes de atravessar as ruas com a rapidez necessária ou de ir às lojas; podem precisar de andadores e de outras tecnologias assistivas. Eles também podem ser prejudicados por problemas simples de projeto, como quando as calçadas não são rebaixadas nos cruzamentos, impedindo que atravessem as ruas e as avenidas com facilidade. Descobriremos, então, que condenamos toda uma geração, e as seguintes, a ficar presa em casa, com a perda de autonomia, dignidade pessoal e bem-estar — individual e social — que isso acarreta.

Um importante estudo realizado no Reino Unido testou a redução da velocidade de caminhada em 3.145 adultos a partir dos 65 anos, com o objetivo de investigar se tarefas simples, como atravessar a rua em cruzamentos controlados por sinais, podem ser difíceis ou impossíveis de serem realizadas devido ao envelhecimento.[9] O que se descobriu foi que 84% dos homens e 94% das mulheres testados tinham um déficit na capacidade de caminhar. Os intervalos de tempo dos sinais de trânsito são geralmente programados para pessoas que podem andar pelo menos 1,2 metro por segundo. No entanto, a grande maioria dos idosos testados andava abaixo dessa velocidade. Isso significa que eles talvez só consigam atravessar as ruas com segurança se o fluxo de veículos for suficientemente baixo. Não é surpresa constatar que, em relação à faixa etária, as pessoas mais velhas tenham maior probabilidade de sofrer acidentes de trânsito.

Espera-se que o número de pessoas com sessenta anos ou mais aumente de uma em cada dez para uma em cada cinco até 2050 (ou seja, 2 bilhões de pessoas).[10] Não há dúvida de que as demandas de nossa sociedade envelhecida representam um desafio para o projeto urbano, mas adaptações pequenas, periféricas e contínuas no projeto de caminhabilidade podem gerar muitos benefícios tanto para a população em geral quanto para os indivíduos em particular. As mudanças que facilitam a locomoção dos idosos e das pessoas com mobilidade reduzida favorecem o deslocamento de todos nós. As rampas e as calçadas rebaixadas ajudam igualmente os que usam muletas, cadeiras de rodas ou outros dispositivos de mobilidade, bem como as crianças que são transportadas em carrinhos de bebê. Uma cidade mais caminhável, em suma, é uma cidade que beneficia a todos nós de várias formas óbvias e latentes — óbvias, porque a caminhabilidade aumenta nossa saúde e bem-estar; latentes, porque promove inúmeros benefícios ocultos que favorecem a criatividade, a produtividade e o enriquecimento das sociedades.

Tornar as nossas cidades caminháveis não é útil apenas pela facilidade de se locomover sem ter que usar um carro; também há muitos outros efeitos positivos, embora não sejam imediatamente óbvios, para a sociedade como um todo. Cidades densamente povoadas, mas que podem ser percorridas a pé, minimizando a expansão urbana, são mais sustentáveis do ponto de vista econômico e ambiental. Elas reduzem os custos e o tempo de transporte, além garantir que os seus habitantes andem a pé. Por sua vez, por si só esse movimento apresenta o benefício maravilhoso de manter e até mesmo de aumentar a saúde do cérebro e do coração e, como já vimos, de diminuir os riscos de obesidade. Isso também pode ser correlacionado a um aumento geral do bem-estar dos residentes urbanos, a uma redução dos índices de criminalidade e a uma maior coesão social.

Percorremos um longo caminho no desenvolvimento dos espaços urbanos. Há mais ou menos um século e meio, as ruas de nossas cidades representavam um risco considerável à saúde pública. Os esgotos a céu aberto eram comuns, os banheiros internos eram raros, e o padrão de coleta e tratamento dos dejetos humanos e dos efluentes era especialmente baixo. Ao narrar situações que nos assustariam hoje em dia, o poema *Trivia, or The Art of Walking the Streets of London* [Trivialidades ou a arte de caminhar pelas ruas de Londres], escrito em

1716 pelo poeta e dramaturgo inglês John Gay, alertava sobre os perigos envolvidos no hábito londrino de esvaziar os penicos pelas janelas das casas quando pessoas passavam pela rua, onde "abóbadas gotejantes destilam orvalho insalubre/ Antes que as telhas estrondeiem com a ducha fumegante/ E calhas derramem suas torrentes sobre homens desatentos".[11] Os eflúvios e miasmas da época deviam ser terríveis, e a arquitetura das casas refletia essa realidade: era comum ter raspadores de botas nas entradas, e ainda existem muitos em residências do período georgiano e vitoriano.[12]

Como era de se prever, o ambiente insalubre era propício às doenças, e a cólera e o tifo atingiram um número incontável de pessoas ao longo dos anos. O escritor Charles Dickens, que também fazia longas e arriscadas caminhadas noturnas para aliviar a insônia crônica, escreveu no clássico *Oliver Twist* que os becos londrinos eram "os mais imundos, os mais estranhos e os mais extraordinários das muitas vizinhanças que se escondem em Londres". Dickens também escreveu, em *A pequena Dorrit*, que no "coração da cidade, um esgoto mortal fluía e refluía, no lugar de um belo rio de águas limpas". Na época, esse esgoto fluvial era o rio Tâmisa, vastíssimo, mas desprovido de vida e terrivelmente poluído. Com o tempo, os esgotos a céu aberto deram lugar a uma rede coberta, e o tratamento de resíduos passou a ser priorizado. Essa foi uma conquista de engenharia surpreendente e da maior importância. A partir de então, as cidades passaram a ser projetadas para eliminar a ameaça invisível — mas real — causada pelos agentes patógenos microscópicos presentes na atmosfera e em nossos resíduos.

Hoje, ninguém ousaria argumentar que deveríamos voltar aos dias perigosos de esgotos abertos e imundos para economizar dinheiro nos custos de construção. Atualmente, vários países do Sul Global tentam fazer essa transição para a gestão segura dos resíduos, muitas vezes com grande dificuldade; uma maneira de lidar com os problemas decorrentes da sujeira nas ruas nesses países é o hábito de remover os sapatos antes de entrar em casa e deixá-los na entrada. Com certeza, o próximo desafio para o urbanismo é integrar ao projeto das cidades, das pequenas às grandes, o conhecimento que existe sobre a saúde mental e física, e isso significa tornar a caminhabilidade uma prioridade. Esse é um desenvolvimento no urbanismo que traz comprovadamente diversas melhorias importantes para a vida dos moradores dos centros urbanos — é mais saudável, mais limpo, mais agradável e, certamente, torna as cidades mais agradáveis; e, portanto, lugares melhores para se viver uma vida saudável e mais feliz.

A caminhabilidade também muda o caráter social das cidades, dos bairros dentro delas e dos lugares dentro desses bairros. Imagine que acabamos de nos mudar para uma nova cidade, uma com grande expansão urbana e sem um bom transporte de massa. Para se locomover, é preciso usar um carro. As oportunidades de interação social aleatória são poucas devido ao projeto do sistema de transporte. Estar em um carro impede a interação pessoal fácil e a conversa casual; toda visão que temos de outro ser humano é mediada por um vidro. Por outro lado, em uma vizinhança densamente povoada, onde as pessoas se encontram por acaso e com facilidade nas esquinas, nos cafés e no comércio local, elas podem criar uma rede social com mais rapidez e facilidade.

Além de aumentar a sociabilidade, promover a caminhabilidade das cidades tem outro efeito profundo e importante: é um processo que intensifica a atividade econômica. Escritórios e lojas acessíveis a pé em bairros centrais podem significar uma vantagem substancial em relação aos espaços em shoppings localizados em regiões periféricas.[13] Existem várias razões para isso, mas uma explicação simples é que, quando caminhamos, temos tempo para experiências de consumo pessoal que não teríamos se estivéssemos de carro. Além disso, o dinheiro que gastamos fica na economia local, ao contrário daquele que é gasto com combustível e com o próprio carro usado para nos transportar.

Em outras palavras, as cidades que podem ser percorridas a pé têm "efeitos de agregação". A caminhabilidade facilita a realização de reuniões de negócios, sociais ou apenas acidentais, como também as interações sociais, porque a proximidade espacial torna tudo isso possível. Alguns economistas já sugeriram, inclusive, que quanto mais dependemos do carro, menos produtivos somos economicamente.[14] Por outro lado, os benefícios citados antes — sociais, econômicos, de saúde e outros — são alcançados com facilidade quando podemos fazer o que é natural para nós: caminhar.

Em geral, parece que quanto maior e mais rica é uma cidade e, em particular, quanto maior a sua taxa de crescimento econômico, mais rápido os seus habitantes caminham. Em 1974, os psicólogos Bornstein e Bornstein mediram a velocidade de caminhada de pedestres em quinze cidades de pequeno e grande porte da Europa, Ásia e América do Norte.[15] Eles descobriram que o ritmo de vida varia de acordo com o tamanho da população local, seja qual for a cultura específica. Em geral, nos mais diversos países e culturas, as pessoas que caminhavam mais rápido estavam nas cidades maiores. Esses experimentos foram repetidos várias vezes desde essas primeiras observações, na tentativa de verificar o que existe na vida nas mais diversas cidades que altera a velocidade de caminhada. Será que nas maiores existe uma maior densidade de recompensas (restaurantes, assentos em trens ou ônibus, ou qualquer outra coisa), e a maior concorrência por essas recompensas age para aumentar o ritmo de vida? Os geógrafos Jim Walmsley e Gareth Lewis sugeriram, em 1989, que "economizar tempo se torna mais urgente e a vida se torna mais apressada e agitada" porque a renda e o custo de vida aumentam e, portanto, o valor do tempo de um residente urbano nas cidades é maior.[16] Isso reflete a ideia de que o aumento da concorrência por recursos muda o nosso comportamento de várias maneiras. Aceleramos a caminhada, competindo de modo inconsciente com outros que buscam os mesmos recursos.

O artigo de Bornstein e Bornstein seria muito citado e celebrado posteriormente, mas é pouco provável que represente a última palavra sobre o tema. Presume-se que cada cidade apresente fatores específicos que resultam em diferentes velocidades de caminhada. Pode-se imaginar, por exemplo, que em cidades com uma densidade populacional extremamente alta, como Mumbai, na Índia, a velocidade de caminhada pode de fato diminuir apenas por causa do risco de colisão com outros pedestres. Pode-se imaginar também que as velocidades de caminhada podem ser bastante altas em determinados locais. Em cidades extremamente quentes ou frias, por exemplo, as pessoas podem se deslocar com rapidez entre um carro e um prédio simplesmente para escapar das temperaturas altas ou baixas. Os biólogos Peter Wirtz e Gregor Ries argumentaram que os resultados de Bornstein e Bornstein foram condicionados pelo fato de que eles não levaram em conta a idade ou a composição de gênero das cidades nas quais se concentraram.[17] Em outras palavras, em igualdade de condições, as cidades grandes tendem a ter populações mais jovens, e as pessoas mais jovens caminham mais rápido, em média, do que as pessoas mais velhas. Da mesma forma, os homens tendem, em média, a andar um pouco mais rápido do que as mulheres; assim, qualquer diferença aparente entre cidades grandes e pequenas poderia simplesmente refletir o fato de que as grandes contam com um número maior de homens jovens, e que andam mais rápido, do que as cidades pequenas. Wirtz e Ries realizaram uma série de estudos próprios com uma amostragem muito maior e, após incorporarem em sua análise os fatores de gênero e de idade estimada, concluíram que, na verdade, os moradores das cidades grandes não caminhavam, em média, mais rápido do que os moradores das menores.

Essa tampouco foi a palavra final — a ideia continuou a ser testada. Em 1999, uma das maiores pesquisas de todos os tempos sobre o ritmo de vida foi realizada usando dados das maiores cidades de 31 países.[18] O estudo examinou outros fatores, além do populacional, que causam diferenças no ritmo de vida, e qual o efeito que eles têm sobre o bem-estar desses habitantes urbanos. Foram analisadas três ideias diferentes que poderiam prever qual era o ritmo de vida de uma cidade. A primeira foi a vitalidade econômica: quanto mais rápida for a taxa de crescimento econômico, mais vital será a economia e maior será o ritmo de vida. A segunda era que as cidades mais quentes, em média, tenderiam a ter pessoas que andam mais devagar; e a terceira, que os países com culturas relativamente individualistas teriam um ritmo de vida mais rápido do que aqueles com uma cultura coletivista.

Com o foco em cidades tão diversas como Dublin, Hong Kong e San Salvador, os pesquisadores mediram a velocidade de caminhada (o tempo que as pessoas levavam para andar cerca de vinte metros em duas áreas diferentes do centro da cidade), a velocidade postal (com que rapidez comprariam um selo na principal agência dos correios) e, finalmente, a pontualidade. Outras informações foram coletadas de fontes de dados públicas sobre clima, indicadores econômicos, indicadores do grau de individualismo, tamanho da população, doença coronariana, níveis de tabagismo e bem-estar subjetivo. Todos esses dados foram combinados para criar um índice geral de ritmo de vida. A Suíça foi avaliada como o país com o ritmo de vida mais rápido, seguida de perto pela Irlanda (que naquele momento vivia uma grande expansão econômica que duraria uma década e meia), depois pela Alemanha e pelo Japão. Completam a lista dos dez países mais bem colocados, nesta ordem: Itália, Inglaterra, Suécia, Áustria, Holanda e Hong Kong. O México ficou em último lugar. Em uma escala global, foi demonstrado que o Japão e o bloco de países da Europa Ocidental que não fizeram parte da antiga União Soviética durante a Guerra Fria eram os que tinham o ritmo de vida mais elevado, enquanto a população da Irlanda registrou a velocidade de caminhada individual mais alta. A Suíça fez jus à fama, conquistando o primeiro lugar em pontualidade.

Uma questão que não foi totalmente resolvida nesses estudos é a da relação entre a população em números absolutos e a forma como a densidade populacional influencia a velocidade de caminhada. Por exemplo, a Oxford Circus, em Londres, é surpreendentemente movimentada na hora do rush e, como consequência, difícil de atravessar. A algumas ruas de distância, entretanto, as pessoas se movimentam com relativa facilidade. A nova geração de podômetros e aplicativos de saúde para smartphones deve ajudar a resolver essa questão — talvez exista uma densidade ideal de pessoas que maximize a velocidade de caminhada, de modo que exceder muito esse número faça com que essas velocidades diminuam.

Por um momento, vamos aceitar que o ritmo de vida nas cidades grandes é mais rápido, e que isso tem menos a ver com a demografia e mais com a vitalidade econômica e a densidade populacional. Como indivíduos, o que há em nós que nos faz aumentar o ritmo de caminhada quando somos tirados de uma condição e colocados em outra — por exemplo, quando trocamos a tranquilidade da vida no campo pela agitação de uma cidade grande? Alguns pesquisadores sugeriram que a razão poderia estar no acesso mais rápido às recompensas econômicas nos grandes centros. Vamos supor que consideramos a hipótese (nada irracional) de que o cérebro faz cálculos com base no esforço e na recompensa. Além disso, ele tenta equilibrar ambos, de forma que o esforço seja minimizado e a recompensa, maximizada (pense nisso como uma resposta evoluída do cérebro que equilibra a preguiça e o esforço, conforme discutido no Capítulo 2). Isso levanta a questão de como o cérebro processa as recompensas e, em particular, a quantidade de esforço que é feito para atingir um resultado. Agora, vamos imaginar que um restaurante novo e badalado tenha sido aberto na rua do lado, e que tem a política de não aceitar reservas. Nós andaremos mais rápido para chegar até ele, e talvez ainda mais depressa porque estamos competindo com outras pessoas que desejam a mesma recompensa — talvez a melhor mesa do lugar ou a única que esteja desocupada. Se temos duas opções, o provável é que escolhamos a mais gratificante ou, pelo menos, a que exige menos esforço. Parece que andamos mais rápido na cidade porque ela talvez tenha muitos recursos e recompensas, mas também porque precisamos competir com outras pessoas para obtê-los. Fazemos diferentes tipos de esforço no decorrer da vida cotidiana: seja para alcançar algo ou para caminhar até algo. Entre as categorias de esforço, parece que a energia gasta para atingir um objetivo aumenta até certo ponto máximo e depois diminui.[19] O neurocientista Reza Shadmehr sugere que imaginemos estar em um aeroporto. Estamos parados no saguão de desembarque, examinando os rostos em busca de um passageiro. Ao vermos as sucessivas pessoas que chegam, identificamos aquela que estamos esperando. Nesse instante, surge a questão: aceleraríamos o passo para dar um abraço de boas-vindas a um colega ou ao nosso filho? A resposta deveria ser óbvia. A recompensa intrínseca resultante do encontro com o nosso filho seria muito maior. Por sua vez, essa recompensa modula diretamente a nossa velocidade de caminhada, e nos esforçamos para alcançar o nosso filho mais rápido. Andamos mais depressa quando há mais recompensas em jogo. Portanto, o esforço e a perspectiva de recompensa se somam.

Aqui temos uma base para entender como a velocidade de caminhada varia em cidades diferentes. É provável que a riqueza de recursos da cidade signifique que as pessoas estejam dispostas a se esforçar para obtê-los. Ao mesmo tempo, há uma concorrência maior para conquistar essas recompensas — não só temos de caminhar depressa até aquele restaurante novo e badalado, como também temos que chegar nele mais rápido do que as outras pessoas. Por outro lado, há uma estreita ligação entre os sistemas cerebrais que administram o esforço e os que estimam as recompensas prováveis. Quanto maior o esforço, maior a provável recompensa prevista decorrente dele. Caminharemos mais devagar em direção àquilo que traz pouca recompensa, e vice-versa. E é exatamente isso o que fazemos na cidade grande: caminhamos depressa para chegar àquele assento no trem ou àquele lugar no restaurante porque estamos competindo com outros pelas recompensas que a cidade oferece.

Em uma cidade movimentada e agitada, onde estamos competindo por recompensas, é óbvio que as outras pessoas são um grande obstáculo físico. Para evitar colisões, precisamos ser capazes de estimar a velocidade de caminhada dos outros com rapidez e precisão. Quando caminhamos juntos, em duplas ou em trios, entramos no ritmo uns dos outros de forma natural e inconsciente. Moderamos o nosso ritmo para que possamos manter a mesma velocidade: nós *coordenamos* a nossa velocidade de caminhada com a dos outros.

Ao caminhar pela cidade, pode ser comum algumas pessoas sentirem frustração ou irritação. Há pessoas que andam mais rápido do que nós; outras, mais devagar; as que caminham na nossa direção; as que seguem na nossa frente. Esse incômodo foi chamado de "raiva ao caminhar" pelo psicólogo Leon James, que sugere que "aqueles que impedem o fluxo de caminhada dos outros experimentam a raiva na calçada passivo-agressiva, enquanto aqueles que são impedidos por eles têm a raiva na calçada ativa e caminham com intolerância e desaprovação".[20] Observar por alguns instantes os pedestres que vão e voltam do trabalho enquanto tentam se esquivar de uma multidão de turistas distraídos sugere que esse é um fenômeno real, embora geralmente isolado: a proximidade física entre os transeuntes tanto possibilita quanto impede o confronto. A vida social só é possível de fato porque estamos sempre inibindo os nossos impulsos agressivos. Por outro lado, viajar em um veículo permite que a raiva no trânsito se expresse por trás do para-brisa, algo que não pode ser feito cara a cara com segurança.[21]

Na maior parte do tempo, somos capazes de usar o que às vezes parece ser um campo de força invisível para evitar esbarrar ou fazer contato inadvertidamente com outras pessoas. Tentamos evitá-las, e elas tentam nos evitar. Porém, como conseguimos transitar em calçadas lotadas com tanta facilidade e desenvoltura? Qual é a mecânica por trás dessa locomoção?

Para prever a direção provável do deslocamento das outras pessoas, precisamos coletar informações sobre os seus movimentos com rapidez. Há muitas fontes em que é possível buscá-las. Podemos observar o posicionamento e a velocidade de movimento de seus pés e pernas; podemos olhar para o seu tronco e para a posição de seus ombros; podemos usar a inclinação e o sentido de sua cabeça e, além disso, observar a posição de seus olhos e a direção de seu olhar. Quando os pedestres que estão se aproximando usam óculos escuros ou olham para a tela de um celular, as nossas previsões sobre as suas possíveis intenções de caminhada começam a falhar. Ainda mais incômodo é andar atrás de uma pessoa que não se movimenta em linha reta, mas de um lado para o outro. Ela não sabe que estamos ali, é claro, e tudo o que nos resta é fazer deduções a partir da posição momentânea de seus ombros vistos por trás. Por sua vez, pode ser que essa pessoa caminhe se guiando pelo movimento de alguém que vem em sua direção, cujos olhos também não conseguimos ver ou cuja presença podemos desconhecer por completo.

Para examinar a hipótese de que o olhar tem importância vital nessas situações, é preciso testar participantes que se deparam com pedestres que caminham em sua direção e cuja posição dos olhos muda de forma sistemática e coerente. Atualmente, o uso de tecnologia móvel facilita muito esse tipo de experimento, em especial os óculos de realidade virtual. As figuras virtuais se aproximam dos participantes em velocidades variadas encarando ou desviando o olhar (para que eles possam ver mais ou menos para qual direção os olhos delas apontam).[22] Além disso, experimentos de imagens cerebrais combinados com realidade virtual mostram que, quando a posição dos olhos do pedestre que se aproxima dá um sinal inequívoco da direção da caminhada, ocorre uma atividade no cérebro que prepara o corpo para uma correção de trajetória. Nesse pequeno gesto de orientação existe uma oscilação rápida e constante entre diferentes estados mentais. Observamos a posição dos olhos da outra pessoa para descobrir para qual direção ela está olhando e para onde é provável que vá se mover. Em seguida, ambos fazemos uma correção de trajetória rápida para minimizar o contato. Se tudo der certo, o esbarrar constrangedor de ombros não vai acontecer e não será necessário murmurar um pedido de desculpas.

Experimentos desse tipo revelaram quais redes cerebrais estão provavelmente ativas durante essas formas de interação social. Nessas situações, duas áreas cerebrais distintas (o sulco temporal superior e o giro fusiforme) apresentam uma atividade intensa, mas de maneira diferenciada. O sulco temporal superior é um pedaço de tecido cerebral com o comprimento de um dedo mindinho, localizado nas laterais da cabeça, mais ou menos na altura da ponta da orelha e um pouco à frente. Já o giro fusiforme fica na parte inferior do cérebro, mais ou menos na altura do meio da orelha, também em ambos os lados da cabeça. Quando o avatar da realidade virtual que caminha na direção do participante desvia ou evita o olhar, o sulco temporal superior é ativado com intensidade no hemisfério direito do cérebro. Quando ambos olham diretamente um para o outro, isso causa uma ativação intensa no sulco temporal superior, ao passo que a sua atividade é menor quando o olhar é desviado. Por outro lado, o giro fusiforme responde de forma mais ou menos equivalente tanto ao olhar direto mútuo quanto ao desviado. A conclusão, portanto, é que o sulco temporal superior está envolvido no processamento de informação social — a trajetória dos movimentos de caminhada — quando ela é transmitida por mudanças na posição dos olhos da pessoa que caminha em nossa direção. Nós, humanos, somos uma espécie social: aprendemos com os outros, inclusive em relação a quais correções de trajetória devemos fazer quando perdemos o rumo enquanto caminhamos. Incorporar informação de origem social aos nossos mapas cognitivos nos permite aprender com os outros por meio do conhecimento compartilhado. Anatomicamente, o giro fusiforme fornece uma informação importante para a formação do hipocampo.[23] Outra maneira de interpretar esse processo é que a informação do giro fusiforme é o meio pelo qual o mapa cognitivo pode ser modulado pela presença de outras pessoas.[24]

Os nossos padrões naturais de caminhada são controlados, como vimos, por Geradores de Padrão Central (GPC) de nível intermediário, situados na medula espinhal. Eles geram o nosso padrão contínuo de caminhada sem muita supervisão cerebral. No entanto, esses geradores são interrompidos de forma rápida e abrupta por um sinal de comando do cérebro que fornece informação sobre a suposta intenção de movimento da outra pessoa, deduzida a partir da direção do seu olhar. Nesse caso, é produzida uma rápida intrusão de cima para baixo por parte dos sistemas cerebrais relacionados à interação social, que interrompe o trabalho que está sendo realizado pelos geradores de padrão central. Esse sinal de comando redireciona a atividade dos geradores: talvez de maneira momentânea, nos fazendo pausar os passos, girar os ombros, girar o corpo, mover a bolsa — tudo para tentar evitar uma colisão. E é provável que a outra pessoa esteja — esperamos que sim —fazendo a mesma coisa: daí a relativa facilidade com que podemos andar no meio da multidão.

Se analisarmos o processo por outra perspectiva, é possível perceber que temos duas mentes em movimento que interagem: dois cérebros que, por um momento, captam a informação sobre a direção do olhar um do outro e a usam para fazer uma previsão rápida sobre a provável posição para onde a outra pessoa está prestes a andar.

Certa vez, já tarde da noite, há alguns anos, eu andava pelo amplo saguão central de uma estação ferroviária. Dois homens, um tanto barulhentos e claramente bêbados, também atravessavam a plataforma. Eu seguia em uma direção diagonal, quando um deles se afastou do outro e começou a caminhar de frente para mim. Ele me encarou de forma agressiva, apressou o passo e moveu o ombro esquerdo um pouco para trás. Ao nos aproximarmos, percebi que ele se preparava para atingir o meu ombro esquerdo com toda a força possível. Por isso, quando estávamos prestes a fazer contato, virei o meu ombro esquerdo para longe dele e frustrei a sua colisão intencional, como eu havia previsto. Na ausência do meu ombro para se chocar, ele girou e caiu no chão, desajeitado. O provocador foi pego de surpresa porque não era isso o que o seu cérebro havia previsto. A combinação entre prever o movimento provável do homem e o fato de ele ter me encarado por muito tempo, mais o recuo do seu ombro, permitiu que eu evitasse o que, de outra forma, talvez tivesse sido um encontro desagradável.

Por trás dessas capacidades existe um circuito neural complexo que pode responder rapidamente à previsão do comportamento de outra pessoa — e faz isso em uma fração de segundo, ao mesmo tempo que mantém todas as outras funções vitais com as quais o cérebro também deve se preocupar: a respiração, a frequência cardíaca, a digestão, a consciência...

O nosso cérebro é profundamente social. Muitas vezes, podemos inferir o que as pessoas estão prestes a fazer só de olhar para elas. Existem várias regras simples e heurísticas possíveis que poderíamos usar para orientar o nosso comportamento na multidão. Elas poderiam ser, por exemplo, "faça o que a pessoa mais próxima de você está fazendo", "vá sempre para o meio da aglomeração" ou "se afaste de um local para onde um pequeno grupo esteja olhando — mas apenas enquanto os seus integrantes estiverem demonstrando medo". Qualquer uma ou todas essas regras poderiam, e deveriam, ser indicadores poderosos da conduta individual em ambientes onde há muita gente, e de como a atitude dos indivíduos se aglutina para criar o tipo de comportamento coletivo que emerge quando as pessoas andam na multidão.

O renomado psicólogo social Stanley Milgram criou um método simples para examinar o contágio comportamental em transeuntes.[25] Ele reuniu um grupo em uma esquina de Nova York e pediu que ficassem olhando em direção ao céu para, então, observar como esse comportamento simples afetava as outras pessoas que passavam pelo local. Conforme o grupo crescia em número de curiosos, Milgram descobriu que a probabilidade de que outras pessoas parassem e se juntassem para também olhar para o céu aumentava muito. Nesse caso, observamos novamente a influência do contágio social afetando a trajetória de caminhada individual: vemos outras pessoas com um comportamento que indica que algo importante pode estar acontecendo. Nós paramos, olhamos com atenção, nos envolvemos na coleta de informação e fazemos isso tudo de forma rápida e inconsciente.

O experimento de Milgram sobre a observação do céu foi repetido com uso da tecnologia moderna de captura de imagens digitais, o que possibilitou um grau de exatidão da análise que o psicólogo só poderia conceber em sonho. Dessa vez, os testes rastrearam a direção da caminhada e a orientação da cabeça de 3.325 pedestres inseridos em aglomerações formadas naturalmente, fosse em uma rua movimentada ou em um saguão lotado de uma estação ferroviária.[26] Os pesquisadores instruíram um grupo de pessoas a ficar em uma das ruas mais movimentadas da Europa — a Oxford Street, em Londres — e olhar na direção de uma câmera que estava instalada no alto de um prédio. Em seguida, observaram o comportamento de 2.822 transeuntes e descobriram, assim como Milgram, que, quanto maior for o número de pessoas do grupo que olham para cima, maior será a probabilidade de outras pessoas também olharem. Mais de 25% dos transeuntes adotaram a posição e a direção do olhar do grupo de estímulo. Isso é um exemplo da cognição móvel em ação no mundo real: vemos uma oportunidade para o que pode ser uma importante coleta de informação e logo a agarramos, copiando outras pessoas por meio da ação de um elaborado mecanismo neural do qual não temos consciência.

Eles também observaram o que parecia ser um efeito de descontinuidade com alguma importância: os transeuntes que estavam a cerca de dois metros de distância do grupo não paravam nem olhavam para cima; os que se aproximavam do grupo de estímulo por trás eram os que tinham maior probabilidade de imitar o comportamento. Olhar para cima e, portanto, copiar o que outra pessoa está fazendo, não é um simples efeito de conformidade social, pois a pessoa que estiver olhando para cima desconhecerá completamente o fato de que há alguém atrás dela com a mesma postura. A atenção visual de um transeunte pode ser capturada, pelo menos em parte, pelo fato de ele perceber a posição e a orientação, ou a direção, da parte de trás da cabeça do observador.

Para um transeunte, olhar para o céu é relativamente inofensivo — poderíamos estar olhando um pássaro, uma vitrine em um andar superior, um ornamento arquitetônico de um prédio… Entretanto, os nossos mapas cognitivos devem levar em conta outros tipos de informação. Além de estarmos atentos às fontes de recompensa, também precisamos incorporar ao nosso mapa do mundo, e com rapidez, as fontes de ameaça e perigo potenciais. Isso foi constatado em um experimento feito em duas etapas no qual foi solicitado a dois homens que se comportassem de modo "natural" ou "suspeito". Na postura natural, eles ficaram parados por sessenta segundos no saguão de uma estação de trem movimentada, como se estivessem esperando por alguém. Na suspeita, eles ficaram de pé, rabiscando um esboço da estação ou aparentemente filmando o ambiente com uma câmera posicionada na altura da cintura. Quanto mais perto os transeuntes estavam deles, maior era a probabilidade de olharem para os indivíduos tanto na postura natural quanto na suspeita. Na estação de trem, as pessoas passavam olhando e depois ignoravam os homens não suspeitos. No entanto, elas claramente desviavam o olhar ao passarem pelos homens com comportamento suspeito, talvez como uma forma de evitar o confronto.

As pessoas assimilam com rapidez as possíveis fontes de ameaça enquanto caminham e logo corrigem as suas trajetórias de caminhada para evitar o risco. O nosso mapa cognitivo do mundo não é estático, pois incorpora a informação fornecida por outras pessoas; ele registra as possíveis ameaças e os locais de refúgio, e faz isso em um ritmo dinâmico sem que tenhamos consciência desse processo. Em outras palavras, o nosso mapa cognitivo proporciona uma maneira flexível de interação com o mundo enquanto nos movemos por ele.

O que proporciona às cidades sua vitalidade, sua atração, suas vantagens e desvantagens? De que forma as cidades com maior nível de caminhabilidade adquirem o seu caráter sociável? O que existe nas cidades que atrai pessoas para viverem nelas, apesar de seus pontos negativos? A aglomeração de indivíduos em espaços urbanos compactos possibilita uma densidade maior de interação social. As cidades nos transformam — e não nos damos sequer conta disso. O nosso estilo de vida, a maneira de pensarmos sobre o futuro e o passado, tudo isso vai mudar se estivermos morando na cidade. A competição mais acirrada por recursos altera o nosso comportamento tão sutilmente que mal percebemos, até mesmo a forma como caminhamos. As pessoas deixam a cidade para desfrutar de um ritmo de vida mais tranquilo, e vão até ela para serem estimuladas pelo ritmo urbano.

Eu caminhei muitas vezes por cidades grandes e pequenas da Itália e sempre fiquei impressionado pela maravilhosa tradição da *passeggiata* — o passeio social de fim de tarde pelas ruas, em que cumprimentamos e conversamos com vizinhos e amigos. Esse hábito de andar pela cidade resume tudo o que há de bom sobre as caminhadas urbanas e mostra como seria totalmente possível que fosse convertido em uma atividade diária, se ao menos as nossas cidades fossem construídas com esse objetivo. Para auxiliar os urbanistas nessa tarefa, proponho que se guiem pelas palavras cujas iniciais formam o acrônimo FASE: no sentido de possibilitar a *passeggiata*, as nossas cidades devem ser *fáceis* (para caminhar); *acessíveis* (a todos); *seguras* (para cada indivíduo); e *estimulantes* (para todos). Os passos necessários para fazer com que as cidades que já existem e as que ainda serão projetadas tenham caminhabilidade são simples. Só precisamos segui-los.

6.

Um bálsamo para o corpo e o cérebro

Deslocar-se pelo mundo é uma parte essencial da experiência de ser humano. Mover-se e, principalmente, caminhar muito e de maneira regular, é bom — de fato, excelente — para o corpo e para o cérebro. Neste capítulo, porém, eu quero ir muito além dessas afirmações simples, e relativamente pouco controversas, e investigar os benefícios potenciais e maiores do caminhar — perguntar como a atividade afeta o humor, a saúde mental e a função cerebral. Praticantes assíduos (inclusive eu) que são privados da oportunidade de caminhar mesmo que por alguns dias afirmam que se sentem preguiçosos e cansados e, muitas vezes, um pouco deprimidos, e que o tratamento autoadministrado é simples: sair para dar uma boa caminhada. A novidade empolgante é que hoje existe um *corpus* científico que apoia essa percepção pessoal e que indica que caminhar, especialmente em doses regulares e de preferência na natureza, de fato melhora o nosso estado de espírito. Basta nos lembrarmos de todas aquelas caminhadas longas, feitas debaixo de chuva e tempestade, que na época podem ter parecido árduas, mas que nos deixaram animados no final. Uma boa caminhada levanta o nosso ânimo e muito mais além disso.

Hipócrates, considerado o pai da medicina e o maior médico da Grécia Antiga, cunhou a frase célebre "Caminhar é o melhor remédio para o homem". No entanto, em nosso mundo moderno, a maioria de nós passa o dia inteiro sentado em ambientes fechados, o que pode ter consequências terríveis para a saúde e o bem-estar. Em comparação com épocas anteriores, hoje passamos muito menos tempo ao ar livre. Um estudo importante realizado nos Estados Unidos mostrou que as pessoas gastam 87% do tempo em ambientes artificiais como escritórios, casas, lojas e outros edifícios.[1] Algumas pessoas chegaram a afirmar (de forma um pouco exagerada, na minha opinião) que "ficar sentado é o novo hábito de fumar". Porém, o significado por trás dessa afirmação é simples: o nosso corpo foi feito para se movimentar com regularidade e se beneficiar disso. A vida sedentária é sobretudo prejudicial à saúde, levando ao declínio de volume e força muscular.[2] Além disso, longos períodos de inatividade produzem mudanças não muito distintas no cérebro.

Um estudo interessante publicado em 2018 revelou que a falta de atividade está associada inclusive a mudanças de personalidade que são, nesse caso, para pior.[3] De modo geral, níveis mais baixos de atividade física foram associados a mudanças em três dos chamados "cinco grandes" fatores da personalidade (que são *abertura à experiência*, *realização* — ou conscienciosidade —, *extroversão*, *socialização* — ou amabilidade — e *neuroticismo*).[4,] Níveis mais baixos de atividade física foram associados a declínios nos fatores de abertura à experiência, extroversão e socialização, sugerindo um padrão "prejudicial" de mudança de personalidade em longo prazo. Mesmo os níveis mínimos de atividade tiveram um efeito moderador nessa alteração, conforme constatado pelos pesquisadores. Aqueles indivíduos mais inativos foram os mais suscetíveis a apresentar essas mudanças negativas de personalidade.

O caminho que leva a essas mudanças negativas não está claro, mas é provável que envolva: o aumento de doenças e a falta de bem-estar habitualmente relacionados à inatividade prolongada; as limitações das tarefas diárias associadas à ausência de atividade; as mudanças na função cognitiva geral; e, talvez, até mesmo as alterações de humor. Considerando o que sabemos, é muito provável que uma simples mudança de comportamento — por exemplo, caminhar muito mais — seja uma maneira viável de reverter as mudanças negativas de personalidade resultantes de uma vida sedentária.

A postura ereta gera mudanças imediatas na pressão arterial, no fluxo sanguíneo que circula por todo o corpo e no ritmo de consumo de energia e de geração de calor (a nossa "taxa metabólica"). Caminhar implica mudanças generalizadas através dos sistemas relacionados ao cérebro e ao corpo, que vão desde a produção de novas moléculas até o comportamento. A caminhada regular e em ritmo acelerado é uma maneira simples e direta de exercitar o coração, o que proporciona, por sua vez, benefícios importantes para o eixo cabeça-coração, pois cerca de 20% do fluxo sanguíneo bombeado pelo coração é direcionado ao cérebro, um consumidor voraz de oxigênio e de energia. Efeitos semelhantes ocorrem no intestino, que também consome muito oxigênio e energia. A cura está bem à nossa frente: ficar de pé e caminhar.

* * *

Caminhar é uma coisa; por onde caminhamos é outra bem diferente.

Como exploramos no Capítulo 5, à medida que cada vez mais pessoas viverem em cidades, as áreas verdes se tornarão ainda mais essenciais para o nosso bem-estar. Historicamente, e em certos aspectos, o projeto arquitetônico dos edifícios leva em consideração essa necessidade, em especial nas regiões setentrionais e com clima mais rigoroso. Os claustros de prédios universitários, mosteiros e outros locais semiabertos permitem que as pessoas caminhem ao ar livre enquanto estão protegidas dos elementos climáticos. Às vezes, esses espaços são denominados em função de seu propósito ritualístico e processional — como *deambulatorium*, *obambulatorium*, *ambitus*, palavras solenes em latim que nomeiam os elementos arquitetônicos de um mosteiro e que são todas derivadas da mesma raiz que *ambio* (que significa "eu ando em círculo").[5] Muitas vezes, e com propriedade, os claustros também são chamados de "ambulatórios". E, é claro, o comum é que sejam construídos em torno de um jardim — garantindo que um elemento domesticado da natureza esteja no centro do espaço de caminhada.

Os jardins murados, que datam de épocas remotas, são outra forma de trazer a natureza domesticada para dentro do perímetro de um edifício, e ainda permitir uma caminhada segura ao ar livre. No clássico *O Decamerão*, Giovanni Boccaccio escreve sobre um desses jardins:

> [...] tinha largas veredas ao redor, pelo meio, e cruzando e recruzando o conjunto. Todas as veredas se apresentavam retas como estradas, e ostentavam pérgolas e latadas que anunciavam, para aquele ano, enorme abundância de uvas. [...]

> Os lados das veredas se encontravam quase fechados de roseiras brancas e vermelhas, bem como de jasmins; por isto, podia-se estar ou passear por elas, tanto de manhã como quando o sol se encontrava mais alto, permanecendo-se sempre em zona de sombra odorífera e agradável, sem nunca se ser atingido pelos raios solares.[6]

Incorporar claustros, toldos, pátios e outros elementos arquitetônicos ao projeto dos edifícios modernos poderia facilitar a caminhada ao ar livre e a exposição à natureza. Da mesma forma, a caminhada em ambientes fechados, feita em torno de átrios que preservam e exibem elementos da natureza, poderia proporcionar às pessoas uma sensação de conexão com o mundo natural. Além disso, janelas com vista para o céu e para as árvores também poderiam aumentar bastante a sensação de bem-estar.

No entanto, essa necessidade vital de passar tempo ao ar livre e em conexão com a natureza é algo que parece ter sido sempre subestimado por nós. Isso foi claramente demonstrado em um estudo realizado em Ottawa, no Canadá, uma cidade que está sujeita a extremos climáticos, com temperaturas superiores a 30°C, no verão, e de -20 °C, no inverno. Por essa característica, uma parte considerável do extenso campus da Universidade Carleton, na capital canadense, é conectada por um sistema de túneis subterrâneos amplos que permitem que as pessoas andem pelo campus durante os períodos de temperatura extrema. Uma equipe de psicólogos examinou os efeitos de caminhar ao ar livre e em contato com a natureza em oposição aos efeitos dessa locomoção no ambiente fechado dos túneis da universidade.[7] Os psicólogos pediram a 150 participantes que percorressem a mesma distância entre duas localizações do campus: tanto através do túnel subterrâneo, como do lado de fora, ao longo da margem de um rio e em um espaço urbano "naturalizado" com muitas árvores, plantas e outras características do ambiente natural.

Antes de começarem os testes, foi solicitado aos participantes que declarassem como estavam se sentindo naquele momento e, em seguida, usassem uma escala de classificação para estimar como se sentiriam após caminharem por dezessete minutos ao ar livre em comparação com a mesma caminhada pelos túneis. Os resultados foram claros: todos subestimaram muito como a caminhada ao ar livre os faria se sentir em relação à locomoção em ambientes fechados. Caminhar em um ambiente urbano naturalizado teve um efeito impressionante sobre o estado de ânimo dos participantes. Houve uma melhora de cerca de um terço, em média, nas pontuações das autoavaliações dos indivíduos que caminharam ao ar livre, comparadas às dos que seguiram por ambientes fechados. (Esse estudo também revela um problema persistente no modo como nós, humanos, entendemos o que afeta os nossos sentimentos: somos péssimos para prever como provavelmente vamos nos sentir após realizar qualquer atividade — o que é conhecido como "previsão afetiva".)[8]

Por que, então, ter um espaço verde para caminhadas é tão importante para o nosso bem-estar? O que há na natureza que nos faz sentir melhor? Andar por trilhas naturais é algo que nós, os humanos, fazemos desde tempos imemoriais. Algumas culturas veneram essa experiência: os japoneses, por exemplo, têm a tradição excelente do "banho de floresta" (*shinrin-yoku*), que é a prática de se embrenhar em áreas verdes para se deixar absorver e envolver pelas propriedades relaxantes de estar totalmente conectado e imerso nas visões, sons e sensações da natureza.[9] A imersão na floresta é uma manifestação importante de algo que parece ser universal na experiência humana — a veneração da natureza como um elemento fundamental em nossas vidas, desde as primeiras teorias panteístas sobre entidades que habitam árvores, riachos, pedras e similares, passando pelas religiões que adoram a Mãe Terra ou outras divindades (como a deusa inca Pachamama), até o conceito atual de "Gaia", proposto pelo cientista independente e ambientalista James Lovelock, segundo o qual devemos considerar o planeta Terra e toda a vida que há nele como um ecossistema único e autorregulável.[10]

De fato, muitos defendem a ideia de que precisamos cuidar da natureza e que ela é fundamental em nossas vidas como fonte de bem-estar. Há também uma grande preocupação de que a atividade humana esteja causando efeitos irreversíveis, talvez, e nocivos, certamente — desde a extinção de espécies que foram caçadas, passando pela contaminação de rios e mares com plásticos, eflúvios e materiais tóxicos, até a alteração do clima do planeta pela ação humana desregulada.

As evidências científicas também confirmam a nossa intuição de que a exposição regular à natureza e ao mundo natural tem efeitos positivos, mensuráveis e duradouros sobre a saúde e o bem-estar do indivíduo, e deve ser considerada a necessidade de acesso universal à água potável, a uma rede elétrica eficiente, à vacinação ou aos hospitais públicos. As provas que sustentam essa tese podem ser encontradas pela medição dos níveis de estresse das pessoas antes, durante e depois de interagirem com a natureza. O cortisol, conhecido como "o hormônio do estresse", está no centro da reação que nos leva a "lutar, fugir ou congelar" quando estamos diante de um impasse. Ele é liberado em resposta à presença de fatores de estresse e tem efeitos que são potencialmente positivos e negativos. No curto prazo, é um hormônio adaptável, pois mobiliza recursos que ajudam a superar o esgotamento. Entretanto, a liberação crônica e contínua de cortisol leva a uma série de problemas, desde o enrijecimento de artérias e veias até os efeitos nocivos sobre a disposição e a memória. Um estudo realizado em uma área muito carente da cidade de Dundee, na Escócia, analisou como a quantidade de áreas verdes em uma vizinhança poderia afetar os níveis de estresse dos moradores locais.[11] Isso foi medido tanto por níveis de percepção de estresse (ou seja, pelo relato dos próprios residentes sobre como acham que estão se sentindo) e pela medição dos níveis de cortisol, que podem ser facilmente coletados da saliva e do sangue. A concentração do hormônio em nossa saliva varia ao longo do dia, atingindo o pico no início da manhã e diminuindo no fim do dia. Pessoas com níveis altos de estresse não apresentam essa redução à medida que a noite se aproxima. No estudo feito em Dundee, com uma população carente e sem acesso e uso regular de áreas verdes em seu ambiente urbano, os pesquisadores descobriram que essa diminuição ao longo do dia está ausente ou, no mínimo, relativamente ausente.[12] Encontrar uma correlação desse tipo é sugestivo e coincide com uma série de evidências semelhantes que indicam que a exposição à natureza pode ter efeitos importantes sobre a saúde e o bem-estar psicológico das pessoas.

No entanto, devemos considerar *como* as pessoas usam a área verde disponível. Eles a visitam com regularidade? Usam o lugar para caminhar em grupo, passear com o cachorro, tomar conta das crianças que brincam? É nesse aspecto que estudos em maior escala são necessários, de preferência, estudos que tentem tornar as condições de tratamento aleatórias para que algum grau de causalidade possa ser determinado. Os níveis de estresse estão mais baixos porque o indivíduo está em contato com a natureza ou existe algum outro fator? Pode acontecer, por exemplo, que uma experiência prolongada na natureza selvagem, com períodos extensos de trekking ou de caminhadas simples, acabe funcionando como um tratamento viável para a depressão (pelo menos em suas formas mais brandas) e, talvez, até mesmo para outras condições relacionadas ao estresse e à ansiedade.[13] No entanto, ainda não existem estudos em larga escala que testem essa ideia.

Verificar se a exposição à natureza tem ou não um efeito causal a ponto de nos fazer sentir melhor — isto é, se o contato com a natureza gera ou não um ânimo positivo — requer estudos que variem a dose de natureza à qual estamos expostos: é preciso pouca ou muita, e com que frequência? Os efeitos podem ser fortes, fracos, sutis ou até inexistentes; e, nesse caso, é alto o risco de se enganar na avaliação ao pensar que há um efeito quando, na verdade, não há nenhum.

A "teoria da restauração da atenção" é a ideia de que o ambiente natural tem efeitos restauradores profundos em nosso bem-estar e que a experiência humana do mundo natural auxilia de forma significativa na manutenção e promoção de uma forte sensação de bem-estar subjetivo. De acordo com psicólogos, um ambiente natural deve ter três elementos essenciais para ser totalmente restaurador: deve nos dar a sensação de estarmos afastados de nossa vida e entornos habituais; deve conter elementos visuais e sensoriais que sejam, de algum modo, fascinantes; e deve ser amplo — ou seja, deve ter algum grau de extensão.[14] As pressões crescentes da vida moderna tendem a aumentar a fadiga mental, mas as experiências restauradoras na natureza poderiam diminuí-la. Esse efeito restaurador é melhor mediado por uma conexão com ambientes naturais, pois eles desempenham um papel essencial no funcionamento normal do ser humano.

Em um estudo com 4.255 participantes no Reino Unido, pesquisadores investigaram esse fenômeno de "restauração", definido como sensações de calma, relaxamento, revitalização e revigoramento, em função do resultado de uma visita a ambientes naturais na semana anterior.[15] A sensação de bem-estar que os participantes lembraram ter sentido ao fim da visita foi muito alta, com uma pontuação média de quatro em uma escala de um a cinco. Houve uma hierarquização na preferência dos locais visitados, com as áreas litorâneas proporcionando a maior sensação de restauração, seguidas pela zona rural e, em terceiro lugar, os espaços verdes urbanos. No entanto, essa hierarquia talvez deva ser tratada com algum grau de cautela, pois é derivada de uma média geral, e muitos parques urbanos foram considerados tão restauradores quanto os espaços abertos no campo. A maioria dos participantes com nível socioeconômico mais alto (53%) tinha participado da visita aos ambientes naturais na semana anterior, enquanto a minoria (31%) do grupo de nível mais baixo havia feito o mesmo. Obviamente, o grupo socioeconômico mais alto é formado por indivíduos que, em média, têm melhor educação, condição de saúde, acesso à nutrição e outros benefícios afins.

O que está claro é que o projeto de um parque é um fator fundamental: a chave para que as pessoas o frequentem está no quanto ele é utilizável, acessível e facilitador de diferentes atividades significativas. As diferenças nas sensações de restauração percebidas no tempo gasto nos vários ambientes — o litoral, o rural e os parques urbanos — não foram especialmente grandes, e o estudo não levou em conta a atividade que poderia ser realizada em cada lugar. As áreas verdes urbanas podem ser usadas para cultivar vegetais, como é o caso das hortas comunitárias; para passear com o cachorro, como em um parque; ou para praticar atividade física nos espaços poliesportivos abertos. O acesso fácil à natureza é muito importante para os indivíduos, as famílias, os grupos sociais e a sociedade em geral, e áreas verdes urbanas bem projetadas podem substituir ou simular aspectos importantes relacionados aos efeitos de se estar no campo. Os parques, por exemplo, podem incluir áreas que cultivam uma vida silvestre urbana exuberante, com insetos e pássaros, em vez de se limitar a gramados cuidadosamente cortados e cuidados. Da mesma forma, as trilhas traçadas nesses parques devem, na medida do possível, seguir as ondulações do meio ambiente e as "linhas de desejo" das pessoas.

O estudo também demonstrou que passar um tempo em contato com a natureza produz um efeito positivo sobre o ânimo de uma série de pessoas de diferentes idades, tanto homens quanto mulheres, em todo o mundo. Talvez ainda mais importante seja o fato de que o impacto da exposição à natureza é comparável a outros fatores que afetam a felicidade individual, como os níveis de renda e de educação, o grau de religiosidade, o estado civil, o trabalho voluntário e a atratividade física.

Talvez não seja possível fazer muito no que diz respeito à renda individual ou mesmo à percepção que se tem sobre a aparência física, mas sair para caminhar é algo que todos podemos fazer facilmente. Já que as evidências científicas sugerem que o caminhar regular e habitual na natureza tem um impacto duradouro na felicidade e no bem-estar do indivíduo, os moradores das cidades deveriam ser incentivados a praticar essa atividade, mesmo que tenham acesso apenas aos parques urbanos.

Se é fato que caminhar pode melhorar comprovadamente o nosso estado de ânimo, isso significa que a atividade serviria para auxiliar, de alguma forma, a prevenir a depressão, talvez como um fator de proteção, uma espécie de "vacina comportamental"?

Há uma diferença importante entre uma tristeza leve e transitória, que é um sentimento ao qual todos nós estamos sujeitos, e o Transtorno Depressivo Maior (TDM). O TDM é definido como "um estado de ânimo deprimido ou uma perda de interesse ou de prazer nas atividades diárias de forma constante e durante um período contínuo de, pelo menos, duas semanas. Esse estado deve representar uma mudança em relação ao ânimo normal do indivíduo, devendo também prejudicar o seu funcionamento social, ocupacional, educacional ou outro que seja importante".[16] A Organização Mundial da Saúde (OMS) considera o TDM uma das maiores ameaças para a saúde e o bem-estar das pessoas nas próximas décadas, sendo que o risco de sofrer um episódio de TDM ao longo da vida pode chegar a 15% nas populações ocidentais.[17] Geralmente, essa forma de depressão requer cuidado psiquiátrico, terapia cognitivo-comportamental e/ou tratamento medicamentoso.

Há um interesse generalizado no uso da atividade física ou do exercício como forma de intervenção para esse tipo de transtorno psiquiátrico grave e incapacitante. Alguns experimentos em larga escala testaram se a atividade física (sendo o caminhar uma intervenção bastante comum) alivia os sintomas do TDM. Como vimos, a caminhada e as outras formas de atividade física têm efeitos cumulativos, consistentes e positivos sobre todas as pessoas, mesmo aquelas que sofrem de TDM, e em um nível que pode ser comparável aos tratamentos que se baseiam em intervenções medicamentosas e cognitivo-comportamentais.[18]

No entanto, os estudos que visam determinar se o caminhar poderia ser considerado quase como um tipo de vacina contra a depressão são problemáticos. Uma metodologia de ensaio clínico randomizado é mais ou menos impossível de ser conduzida previamente. Com isso quero dizer que não é possível selecionar uma amostra grande da população, submeter uma fração dela a fatores de estresse projetados para induzir a depressão e, em seguida, observar as taxas do transtorno em função da dose de caminhada que foi administrada antes da indução. Em vez disso, responder a uma pergunta como essa implica recrutar amostras populacionais muito grandes (os chamados estudos "coortes") e rastrear os seus níveis de atividade física. Em seguida, é preciso estimar as taxas de ocorrência de depressão naquela população e mostrar que a probabilidade de desenvolver TDM é menor quanto mais ativa for a pessoa.

Em princípio, esses últimos tipos de estudo não são mais difíceis de serem realizados do que, por exemplo, os testes de medicamentos em larga escala. Uma grande pesquisa liderada pelo psiquiatra e epidemiologista Samuel Harvey, da Universidade de Nova Gales do Sul, se concentrou em um estudo de coorte de 33.908 adultos, selecionados por não apresentarem qualquer distúrbio ou doença mental comum nem qualquer doença física que pudesse limitar seus movimentos. Esses participantes "saudáveis" foram acompanhados ao longo de onze anos.[19] O estudo buscou demonstrar se a prática de exercícios oferece ou não algum tipo de proteção contra o surgimento da depressão em participantes que nunca sofreram do transtorno; também tentou determinar qual o nível ou a dosagem de exercício necessário para reduzir a depressão, e em que medida é possível revelar a presença de qualquer mecanismo específico subjacente a qualquer efeito protetor.

Os participantes produziram autoavaliações do exercício praticado, que foram validadas de forma independente por meio da medição do consumo de oxigênio. A pesquisa também incluiu outras medidas como fatores demográficos e socioeconômicos, consumo de tabaco e álcool, IMC, rede de apoio social e similares. Em geral, o estudo constatou que a prática de qualquer atividade física estava positivamente associada a uma redução da probabilidade de desenvolver depressão (mas, curiosamente, não de desenvolver ansiedade). Esse efeito protetor do exercício ocorreu mesmo com níveis de atividade muito baixos — caminhadas pouco frequentes, cerca de uma vez por semana. A conclusão geral sugere que, supondo que o ato de se exercitar esteja associado à redução observada nos casos de depressão, aproximadamente 12% dos casos futuros de transtorno depressivo poderiam ser evitados se "todos os participantes tivessem praticado pelo menos uma hora de atividade física por semana". As mudanças nos níveis de atividade são relativamente modestas, mas o efeito positivo que promovem é muito maior.

O estudo conduzido por Harvey e seus colaboradores, até o momento em que escrevo este livro, é o mais extenso de que se tem registro. Nele, a caminhada e a natação foram as modalidades praticadas pela maioria dos participantes. Uma vez que não é a intensidade do exercício o que parece ser importante, os pesquisadores concluíram que "pode ser que as medidas de saúde pública mais eficazes sejam aquelas que incentivam e facilitam o aumento dos níveis de atividades diárias, como caminhar ou andar de bicicleta". Em outras palavras, a solução poderia ser projetar os ambientes para serem locais que estimulem as pessoas a serem mais ativas. Esse estudo não discute de forma alguma a importância do exercício físico para a função cardiovascular. No entanto, argumenta que o aumento dos níveis de atividade em comparação com o padrão de ausência total de atividade tem um efeito positivo considerável no surgimento de episódios de depressão subsequentes. Ao analisar essas descobertas, o médico Gregory Simon, especialista em Saúde Pública, concluiu que "o exercício é uma prescrição antidepressiva de largo espectro, segura e moderadamente eficaz [...] para a prevenção e o tratamento de todos os níveis de gravidade da depressão". Trata-se de uma recomendação importante de política futura, publicada em uma das principais revistas da área da psiquiatria.[20]

A questão da relação que existe entre o caminhar e o estado de ânimo é capciosa, pois é realmente difícil obter respostas claras a partir de qualquer experimento. As pessoas que andam mais são, em geral, um pouco mais felizes ou levemente menos propensas a sucumbir à depressão porque a caminhada melhora a disposição? Ou seria o contrário: por estarem mais felizes, elas também são mais ativas e, portanto, caminham mais? Qual é a causa e qual é o efeito? Ou há um ciclo de resposta positiva nesse processo? Uma vez que a inércia inicial para começar a caminhar é superada, a atividade pode aumentar as sensações de bem-estar e felicidade, o que aumenta, por sua vez, a disposição para continuar andando.

Os estudos disponíveis, pelo menos em humanos, são em grande parte correlativos e indicativos. Embora apontem na direção de uma relação positiva entre a atividade e o estado de ânimo, o que está menos claro é se manter um programa de caminhada ativo melhora ou não a disposição de maneira mais geral, seja durante ou após os períodos de atividade. Além disso, a questão da relação entre a dose prescrita de caminhada e o ânimo também é problemática. Um modo eficiente de coletar evidências importantes a respeito dessa questão é analisar a relação entre os dois fatores, seja por meio de autoavaliações (que podem não ser muito confiáveis, como sabemos) ou do registro automatizado da quantidade de passos dados combinado à autoavaliação do estado de ânimo em tempo real, momento a momento.

Uma alternativa é usar o exercício ou a caminhada como uma forma de intervenção em indivíduos diagnosticados com níveis variados de depressão clínica — o mesmo que transtorno depressivo maior (TDM) —, conforme a avaliação de um psicólogo clínico ou de um psiquiatra. Para ser significativo, isso requer a realização de testes clínicos projetados e controlados de forma adequada — o que não é uma tarefa fácil. Se as pessoas que sofrem de TDM aumentassem a quantidade de passos que dão todos os dias de modo significativo, isso poderia (e eu enfatizo *poderia*) agir, talvez, como um tipo de antidepressivo comportamental. Também poderia ser o caso de a caminhada servir para aliviar a chamada "disforia transitória" — aquela sensação de desânimo ou estresse que todos experimentamos de vez em quando. Nesse contexto, a expressão "andar para espairecer" faria algum sentido. No entanto, ela não cabe em casos de transtorno depressivo maior.[21]

Uma forma subestimada por meio da qual o caminhar melhora o estado de ânimo é o prazer que se sente ao descansar após um esforço físico prolongado — ao tomar um banho morno ou, simplesmente, descansar em uma cadeira confortável.[22] Em seu discurso de aceitação do Prêmio Nobel de Literatura, em 1950, o importante filósofo britânico Bertrand Russell observou que: "Quando eu era mais jovem, passava as minhas férias caminhando. Eu percorria quarenta quilômetros por dia e, quando a noite chegava, não precisava de nada para me manter longe do tédio, já que o prazer de ficar sentado era mais do que suficiente".[23] Embora as relações entre o estado de ânimo e a atividade não sejam evidentes, as descobertas recentes sugerem que realizar caminhadas regulares gera efeitos intensos e crônicos sobre a disposição, estimulando a sensação de bem-estar tanto de imediato quanto em longo prazo.

A caminhada, assim como outras formas de exercício aeróbico, também pode ter um efeito profundo no aprendizado e na memória. Uma vasta literatura científica que trata desse tema, formada por milhares de artigos de pesquisa, se estende desde a descrição das alterações moleculares produzidas no cérebro como resultado do processo de aprendizagem até os efeitos do exercício físico na memória e na cognição de pessoas idosas.[24]

Em 1949, o excelente psicólogo canadense Donald Hebb sugeriu que a chave para determinar como as memórias são inscritas no cérebro está na zona de contato entre um neurônio e outra célula — área que é conhecida como "sinapse".[25] Hebb prognosticou que as sinapses deveriam ser plásticas, o que significa que poderiam ser remodeladas como resultado da experiência: quanto mais vezes uma célula ou neurônio participasse da ativação de outra célula, mais provável seria que a primeira célula ativasse com mais facilidade a segunda, em comparação com outra célula que tentasse ativar a primeira. Dessa forma, haveria um padrão de "coatividade" entre as células. A plasticidade das sinapses poderia formar a base que permite que as memórias sejam gravadas na estrutura do cérebro.

Essa ideia de grande alcance deu origem à máxima "células que se ativam juntas permanecem conectadas". Para que a "conexão" exista, é necessário que mudanças estruturais ou remodelações aconteçam na sinapse. Isso significa que deve haver moléculas — já presentes ou que surgem como resultado da atividade — que apoiem ou facilitem essas mudanças. Uma das principais moléculas é o fator neurotrófico derivado do cérebro (ou BDNF, sigla do termo em inglês *Brain-Derived Neurotrophic Factor*), que pode ser considerado uma espécie de fertilizante molecular produzido no cérebro porque apoia a remodelação estrutural e o crescimento das sinapses após o aprendizado.[26] Recentemente aprendemos que o exercício aeróbico é uma maneira simples e direta de aumentar os níveis de BDNF no cérebro, especialmente na formação do hipocampo.

Muitos experimentos demonstram com segurança que dar a oportunidade para que ratos e camundongos se exercitem em rodas de corrida aumenta o nível de BDNF em seus cérebros de forma significativa e segura.[27] Como consequência, esses animais são capazes de aprender a se locomover por labirintos e realizar outras tarefas com mais facilidade do que outros da mesma ninhada que não têm acesso às rodas de corrida. Além disso, se o aumento de BDNF for bloqueado por medicamentos, a vantagem induzida pelo exercício na memória desaparece.

Atualmente, diversos testes de laboratório comprovam que o exercício aeróbico também aumenta a criação de novas células em um cérebro adulto já amadurecido. A tese dominante era que, após o nascimento, essa produção deixava de existir. As descobertas dispersas na literatura científica nas décadas anteriores à de 1990, que demonstravam ser possível o surgimento de novas células em cérebros adultos, foram amplamente ignoradas. Após algum tempo, porém, as evidências científicas se tornaram tão irrefutáveis que derrubaram o pensamento ortodoxo anterior. No entanto, a criação de novas células (um processo conhecido como "neurogênese") se limita a poucos locais do cérebro. Um deles, especialmente importante, está localizado em uma área da formação hipocampal conhecida como "giro dentado" (ou denteado).

O bloqueio da criação de novas células cerebrais pode causar distúrbios no aprendizado e na memória. Além disso, os animais nos quais a neurogênese é bloqueada — por exemplo, como resultado de estresse comportamental — apresentam uma sintomatologia semelhante à da depressão: níveis reduzidos de higiene e cuidados pessoais e tentativas escassas para escapar de situações estressantes (como ser colocado em um pequeno tanque com água, por exemplo); eles também apresentam déficit no aprendizado e na memória em tarefas de orientação por labirintos e busca de recompensas. Outro trabalho revela que a atividade decorrente de aprendizado intensivo ou de exercícios aeróbicos na formação hipocampal é um fator necessário para a incorporação dessas novas células cerebrais no próprio hipocampo. O BDNF fornece ao cérebro um mecanismo molecular de apoio que é essencial para o aprendizado e a memória; esse fator neurotrófico é produzido devido ao comportamento, incluindo o exercício aeróbico, e sua produção, por sua vez, estimula o aprendizado e a memória de forma muito eficaz. O BDNF também proporciona ao cérebro um grau de resiliência notável, o que inclui a resistência ao envelhecimento e a danos decorrentes de trauma ou infecção.

Demonstrar essas modificações em animais é relativamente simples: um exame *post-mortem* permite medir as alterações resultantes de um experimento no cérebro de um animal. Por razões óbvias, esse não é o caso em experimentos com humanos, embora ainda seja possível fazer medições diretas e substitutivas a partir da saliva e do sangue, bem como avaliar as respostas a uma série de tarefas cognitivas e de outra natureza (também podemos medir muitas mudanças na estrutura e na função do cérebro mediante exames de IMRf).

O nosso atual modelo consensual de aprendizado e memória sugere que várias regiões cerebrais devem agir em conjunto para apoiar a normalidade das duas funções: os instrumentos devem tocar na sequência correta para que uma memória seja estabelecida no cérebro. Como vimos anteriormente, a formação hipocampal atua como um ponto central em uma rede cerebral distribuída, envolvendo uma ampla variedade de regiões corticais (basta se lembrar do exemplo simples de usar as mãos para representar o cérebro, apresentado no Capítulo 4), bem como de certas regiões subcorticais, especialmente o tálamo rostral e o anterior.[28] Agora temos uma visão "centrada na rede" de como o cérebro apoia determinadas funções. Não falamos mais dessa ou daquela área quando queremos explicar a linguagem, a visão, a sensação, o movimento. Em vez disso, temos uma visão que sugere que os padrões de interação entre as diferentes regiões cerebrais são essenciais para apoiar funções como o aprendizado e a memória, bem como a linguagem, a visão ou a audição.

A prática regular de exercício aeróbico aumenta o fluxo sanguíneo no cérebro, além de promover uma melhora significativa na estrutura e função do órgão. A atividade facilita que novos neurônios preencham uma região cerebral específica, que é essencial para o aprendizado e a memória. Além disso, favorece a produção generalizada de moléculas-chave que atuam para manter o cérebro em boas condições de funcionamento. Como exercício aeróbico, correr é um método poderoso para induzir essas mudanças, mas traz algumas desvantagens em relação à praticidade (exige o uso de calçados especiais, uma preparação física adequada, a troca de roupa, o banho). Mais do que esses pequenos inconvenientes, o risco de lesão aumenta com a distância percorrida, enquanto permanece quase o mesmo em uma caminhada, independentemente da distância.[29] Conforme um estudo em menor escala, pessoas que caminham regularmente têm menos risco de lesão do que as que correm.[30] Para obter o máximo de benefícios que a caminhada oferece à saúde, é preciso manter uma velocidade alta constante ao longo de uma distância razoável — por exemplo, ficar acima dos 5 ou 5,5 km/h durante meia hora e de quatro a cinco vezes na semana, pelo menos.[31] A caminhada oferece a vantagem suprema de não precisar de nada além de um par de tênis confortável, talvez uma capa de chuva e só. Se for realizada em doses diárias e regulares, promove mudanças positivas pequenas, cumulativas e significativas para a saúde dos pulmões, do coração e, principalmente, do cérebro. Aqui, a saúde cerebral deve ser entendida em seu sentido mais amplo. Assim como o propósito do coração é bombear o sangue e o dos pulmões é permitir a respiração, o do cérebro é dar suporte a tudo o que fazemos ao longo de nossa vida, desde pensar, lembrar, resolver problemas, planejar, regular o humor e uma infinidade de outras coisas. Quando é realizada em um ritmo razoável, a caminhada regular promete ser o atalho que impulsiona a função cerebral em todos esses aspectos.

Todo o nosso corpo colabora para ficarmos de pé e começarmos a andar: as mãos e os braços são usados para nos levantar de uma cadeira e equilibrar o tronco enquanto nos movemos; os quadris, para controlar a locomoção; o coração, para fornecer sangue e oxigênio; ou seja, todo um conjunto de atividades. Até que ponto as alterações no cérebro são impulsionadas por alterações no corpo? O BDNF apoia uma variedade ampla de mudanças importantes na estrutura, função e conectividade das células cerebrais, que precisam de um suprimento constante de nutrientes e oxigênio: elas crescem e se desenvolvem dentro de um cérebro que depende do sangue fornecido pelo batimento do coração. Portanto, os vasos sanguíneos devem evoluir em resposta às demandas de oxigênio e nutrientes feitas por células cerebrais que se caracterizam pela plasticidade e pelo dinamismo.

A atividade física estimula outra molécula que desempenha um papel fundamental na plasticidade cerebral. O denominado "fator de crescimento endotelial vascular" (VEGF, sigla do termo em inglês *vascular endothelial growth factor*) impulsiona o crescimento da vasculatura, a rede de vasos sanguíneos minúsculos que transportam oxigênio e nutrientes para cada uma das células do cérebro. O fortalecimento das conexões entre essas células, a construção e a manutenção das redes que sustentam o pensamento e o comportamento humanos, nada disso é possível sem que exista um tráfego constante de fora para dentro do cérebro. Da mesma forma que uma cidade, o órgão depende de uma infraestrutura de transporte para garantir a entrega de um suprimento constante de nutrição e matérias-primas.

Em que consiste esse tráfego em nosso cérebro? Sangue, oxigênio, nutrientes e outras moléculas produzidas no corpo são transportados para dentro; detritos, produtos residuais e moléculas produzidas no cérebro são levados para fora. O tráfego é bidirecional, o que implica que a atividade cerebral é afetada, talvez até mesmo determinada, por moléculas produzidas no corpo.

Como essas moléculas agem no cérebro? Hoje, temos um princípio de resposta a essa pergunta. Pesquisadores da Universidade da Califórnia, em San Diego, investigaram como a neurogênese é desencadeada na formação do hipocampo.[32] A partir do uso de camundongos geneticamente modificados, eles mostraram que uma molécula produzida por músculos em atividade — com o nome nada charmoso de "fator de crescimento endotelial vascular da miofibrila esquelética", ou SMVEGF (sigla do inglês *Skeletal Myofiber Vascular Endotelial Growth Factor*) — é necessária para que ocorra a neurogênese induzida por exercícios na formação do hipocampo. Caminhar trabalha os músculos dos braços, do diafragma, do abdômen e do pescoço, bem como os das pernas; portanto, há muitos locais onde essa molécula é produzida e pode se difundir no cérebro através do suprimento de sangue.

Por um momento, vamos pensar nas implicações desse processo: o movimento regular do corpo causa a liberação de SMVEGF, que circula pela corrente sanguínea e, assim, é transportado até o cérebro. Ao chegar, ele estimula o crescimento de novos vasos sanguíneos e, como consequência, favorece a produção de novas células cerebrais. Um tema central deste livro é a permeabilidade do cérebro em relação a influências externas derivadas da atividade do corpo, uma ideia que é apoiada por descobertas de que há uma resposta e uma interferência que são positivas entre a atividade musculoesquelética e o cérebro. A conclusão necessária é que a caminhada, até mesmo a locomoção habitual, quando realizada de forma sistemática e coerente, gera moléculas (nesse caso, do tipo SMVEGF) na musculatura que, por sua vez, estimulam as mudanças positivas encontradas no cérebro e que são resultantes do exercício regular.

As células musculares obedecem a seguinte regra básica: "o que não é usado é perdido". O mesmo se aplica às células cerebrais. O corpo não pode se dar ao luxo de desperdiçar energia para criar, manter e controlar células musculares ou de outra natureza que não contribuem para a vida geral do corpo. O melhor sinal para avisar ao corpo que um músculo é necessário é submeter esse tecido a estresse e tensão regulares (ainda que moderados). Se um órgão está funcionando, ele está sendo usado; e, se está sendo usado, precisa ser mantido. Em contrapartida, os músculos de pessoas que permanecem relativamente sedentárias por longos períodos começam a mudar, se transformando em depósitos de gordura acumulada devido à inatividade. Esses depósitos foram encontrados, por exemplo, nos músculos de astronautas, de indivíduos com obesidade e de idosos, que não praticam em quantidade suficiente o tipo de exercício que exerce uma pressão positiva sobre os músculos do corpo.

Agora temos uma ideia clara da rapidez com que a inatividade causa essas alterações musculares. Um estudo utilizou uma técnica conhecida como "imersão seca", que imobiliza os músculos e reduz a carga que eles normalmente suportam, tornando possível observar a evolução dessas mudanças em tempo real.[33] O experimento contou com voluntários, que se deitaram em um colchão d'água projetado para sustentar por completo o peso do corpo, pela frente e por trás (vamos imaginar um colchão com formato semelhante a um envelope, no qual o indivíduo se insere e fica sustentado e imobilizado). O nível das temperaturas corporais foi controlado e mantido constante por meio da circulação de água, para que não houvesse superaquecimento. Os voluntários permaneceram nessa posição de microgravidade por três dias, exceto nos breves intervalos para ir ao banheiro, quando os pesquisadores aproveitavam para medir os diversos parâmetros associados às alterações musculares decorrentes da inatividade.

Os resultados desse período de inatividade, ainda que breve, foram surpreendentes. A "viscoelasticidade" do músculo da coxa diminuiu 9% em média (a viscoelasticidade é um pouco como a combinação das propriedades da borracha com as da água: ela permite tanto se esticar quanto fluir), indicando que estava menos funcional por causa da falta de uso. Além disso, os experimentos que medem a facilidade com que voluntários contraem e relaxam os músculos da coxa mostraram uma diminuição uniforme em relação ao desempenho. As biópsias musculares (eram pessoas corajosas, permitindo que uma amostra de seu músculo fosse extraída para medição, por meio de uma seringa hipodérmica) indicaram uma atrofia (ou encolhimento) significativa como resultado de apenas três dias de imobilidade. Essas alterações também ficaram visíveis nas imagens do músculo da coxa, reveladas em exames de ressonância magnética.

O sedentarismo é ruim para qualquer pessoa, mesmo que seja jovem e esteja em boa forma física: se os músculos não forem usados, eles diminuirão de volume com rapidez e facilidade. Além disso, a perda de massa muscular também está associada à perda na produção de moléculas que, como vimos, são importantes para apoiar a criação de novas células cerebrais nas poucas áreas do cérebro em que continuam sendo produzidas ao longo da vida. À medida que os músculos se deterioram, o mesmo acontece com o cérebro. Outras mudanças nocivas também ocorrem — na personalidade, no estado de ânimo, na própria estrutura cerebral. No entanto, contamos com este mecanismo de correção inato e maravilhoso, uma forma de tratamento autoadministrado e livre de reações adversas: o movimento.

7.

A caminhada criativa

Adoro caminhar por diversas razões, mas uma das principais é porque considero essa a melhor maneira de esvaziar a minha cabeça da agitação do dia. Caminhar me deixa livre para refletir sobre as coisas, para manter um diálogo tranquilo comigo mesmo sobre como resolver um problema. Mesmo que seja algo banal, ainda assim é importante para mim. E não sou o único a pensar dessa forma. Desde a Antiguidade se reconhece que dar uma boa caminhada é uma maneira excelente de refletir sobre os problemas. Na Grécia Antiga, a Escola Peripatética fundada por Aristóteles era famosa pelo método de transmitir os ensinamentos filosóficos principalmente enquanto se caminhava — de fato, a raiz do nome grego *peripatetikós* significa "andar para cima e para baixo". O filósofo alemão Friedrich Nietzsche chegou a dizer que "Apenas os pensamentos *andados* têm valor".[1,*] De modo similar, o escritor norte-americano Henry David Thoreau observou que:

> [...] o momento em que as minhas pernas começam a se mover, os meus pensamentos começam a fluir, como se eu tivesse aumentado a vazão rio abaixo, e, consequentemente, novas fontes fluíssem rio acima. Mil córregos que nascem nas fontes do pensamento irrompem e fertilizam o meu cérebro. [...] Somente quando estamos em ação é que a circulação é perfeita. A escrita que resulta do hábito de ficar sentado é mecânica, rígida, monótona de ler.[2]

Essas percepções são importantes e sugerem uma relação vital entre o movimento do corpo e o fluxo do pensamento. Além disso, enfatizam a relação do movimento com o trabalho criativo. Muitos escritores e pensadores foram eloquentes ao descrever como a prática da caminhada clareia o pensamento, estimula a criatividade e melhora o estado de ânimo. O poeta inglês William Wordsworth compôs o seu *Abadia de Tintern* enquanto caminhava, e disse: "Comecei a escrevê-lo ao sair de Tintern [...] e o concluí [...] depois de uma caminhada de quatro ou cinco dias [...] Nenhuma linha foi alterada, e nenhuma parte foi escrita até que eu chegasse a Bristol".[3] Há cerca de um século e meio, o filósofo dinamarquês Søren Kierkegaard escreveu: "Todos os dias eu caminho em direção a um estado de bem-estar e me afasto de qualquer doença. Eu ando em

* Neste livro, a tradução adotada é a que está em: Nietzsche, Friedrich. "Máximas e flechas #34". In: *Crepúsculo dos ídolos: ou como se filosofa com o martelo*. Tradução, notas e posfácio de Paulo César Lima de Souza. São Paulo: Companhia de Bolso, 2017. (N. T.)

busca dos meus melhores pensamentos e não conheço um que seja tão pesado que impeça alguém de caminhar para longe dele".* Os escritos e as rotinas de artistas e filósofos de todas as épocas estão repletos de observações como essa.[4] Portanto, não é uma descoberta do século XXI o fato de que caminhar — um dos prodígios mais comuns, que afeta direta e indiretamente tantos aspectos do que fazemos — pode liberar nossa mente para alcançar seus estados mais criativos. Atualmente, porém, descobrir como e por que isso acontece são questões da área de estudo na qual algumas das pesquisas de ponta mais empolgantes estão sendo realizadas.

No meu caso, caminhar é uma ajuda útil e um estímulo para a escrita. Tenho que escrever um livro, então planejo tudo com atenção: capítulos, títulos, temas... Eu leio, faço anotações e listo os pontos principais. Então, pego o meu gravador portátil, saio para andar e registro as minhas ideias enquanto caminho. Um passeio programado de meia hora se transforma em uma hora ou mais de apontamentos gravados. Eu falo muito mais do que anoto. Faço isso repetidamente. Ao longo de semanas e meses, é possível reunir de 50 mil a 60 mil palavras — a base de um livro, algo a ser revisado, modificado, editado. Eu preciso falar frases mais curtas e usar menos subseções. Sejam quais forem as imperfeições, contudo, caminhar pode proporcionar certa fluência para escrever e ditar; e funciona, desde que você não se importe com olhares curiosos. Além disso, descobri que sair para caminhar antes de escrever também ajuda no trabalho

* HONG, Howard V.; HONG, Edna H. (eds). Notes. In: *The essential Kierkegaard*. Nova Jersey: Princeton University Press, 2000, p. 502.

subsequente, pois desse modo organizo os meus pensamentos em certa ordem. O filósofo e matemático britânico Bertrand Russell era um caminhante incrivelmente ativo, um hábito que está registrado por toda a sua autobiografia.[5] Seu amigo, o ator e dramaturgo Miles Malleson, escreveu que "Toda manhã, Bertie fazia uma hora de caminhada sozinho, momento em que organizava as ideias e refletia sobre o seu trabalho para aquele dia. Em seguida, voltava e escrevia pelo resto da manhã, com fluência, facilidade e sem aplicar uma única correção".[6] Caminhar com alguma concentração cognitiva o prepara para escrever.

Eu gosto principalmente de caminhar pelas trilhas ao redor de Victoria Hill, que faz parte do parque de Killiney Hill, ao sul do condado de Dublin, perto de onde moro. A vista a partir do obelisco que fica no alto da colina Killiney Hill é espetacular e lembra um pouco a baía de Nápoles, daí os nomes italianos das estradas na área — Nerano, Sorrento, Vico, Marino. As rajadas de vento vindas do mar podem ser um problema, no entanto; então, convém segurar com força o bloco de notas. E o motivo pelo qual a caminhada funciona para mim como um estímulo para pensar e, portanto, para escrever, é que ela promove uma alternância simples, rápida e eficiente entre estados mentais distintos. Caminhar me permite focar um pensamento e depois o ampliar novamente, colocando-o em um contexto mais geral.

Esta é uma tarefa simples: conte o número de ocorrências da letra "e" no parágrafo anterior. Já terminamos? Ótimo. Em seguida, vamos dedicar um tempinho para pensar em alguns dos momentos bons que já vivemos. O resultado é que podemos, com certa facilidade, alternar o pensamento entre o foco nos detalhes (contar as letras "e") e a lembrança de eventos mais amplos (Onde eu estava? Com quem eu estava? Eu estava feliz?). Esse pequeno exercício demonstra que o cérebro funciona em dois modos básicos: um que é ativo, executivo, e um outro que é default, padrão.[7] O modo ativo requer uma atenção concentrada e o processamento dos detalhes. Já o segundo consiste em deixar a mente vagar, recorrer repetidas vezes à memória autobiográfica e desviar a atenção do entorno imediato.

Nós gastamos um tempo enorme com divagações mentais. Estudos feitos por amostragem de experiência — por exemplo, que usam telefones celulares para enviar uma mensagem aos participantes ao longo do dia e perguntar o que eles estão fazendo — mostram que passamos um tempo considerável nesse estado default, com algumas estimativas sugerindo um gasto de dez a quinze minutos a cada hora, enquanto oscilamos entre nos envolver e não perceber o que acontece no entorno.[8] A divagação mental, porém, não significa uma mera ociosidade ou desperdício de tempo, pelo menos não no sentido usual do termo: ao contrário, ela é uma parte necessária da higiene mental, que nos permite integrar o nosso passado, presente e futuro, examinar a nossa vida social e criar uma narrativa pessoal em grande escala. Se deixar a mente vagar significa ser ocioso, então se trata de uma forma peculiar e ativa de ociosidade — o nosso comportamento pode parecer quiescente, mas a nossa mente é dinâmica. Os professores costumam pedir aos alunos que não olhem pela janela e prestem atenção à aula, mas esse não parece ser o método pedagógico ideal para ser aplicado, pois a atenção focada na tarefa e a divagação mental são os dois lados da mesma "moeda mental". Nós nos concentramos nas tarefas para executá-las e nos abstraímos delas seja para reunir os recursos que nos permitem resolvê-las quando forem difíceis, seja para apenas integrar as informações que aprendemos quando estamos concentrados. Essa alternância entre os estados mentais é o que nos permite ter uma vida produtiva e criativa.

Há uma série de experimentos que demonstram que a divagação ativa facilita a solução criativa de problemas subsequentes. Nesses estudos, os participantes que deixaram suas mentes vagarem foram os que mais vezes forneceram as soluções mais criativas em comparação com os que permaneceram concentrados.[9]

Paradoxalmente, caminhar é uma forma de ociosidade ativa e que facilita a prática da divagação mental. Trata-se de uma ação direcionada e focada, mas que permite que a mente vagueie sem restrições, com pensamentos que circulam pelo dia que virá e pelo que passou, pelo ano seguinte, pela década passada, pelas oportunidades aproveitadas ou perdidas. Em *Ulysses*, sua obra magnífica, James Joyce captou bem essa ideia: "Caminhamos por nós mesmos, encontrando ladrões, fantasmas, gigantes, velhos, rapazes, esposas, viúvas, bonscunhados. Mas sempre encontrando a nós mesmos". Enquanto caminhamos, podemos conversar baixinho com nós mesmos e em um tom mais alto com os outros; ou simplesmente ouvir música, audiolivros ou podcasts. A vantagem de se ter companhia para caminhar é que isso facilita a troca e a integração de informação com nossas memórias, pensamentos e sentimentos.

Basicamente, o caminhar permite sobretudo a oscilação entre estados mentais por uma razão que pode ser de natureza estrutural, com origem em determinadas regiões-chave do cérebro. Ao acessarmos a memória, o sistema cerebral que está ativo gira em torno da formação hipocampal e das muitas estruturas conectadas a ela — a formação hipocampal ampliada, que também está ativa, vale ressaltar, quando andamos, corremos e nos orientamos por um ambiente. Essa rede cerebral única mantém (no mínimo) duas funções inter-relacionadas: a memória episódica, por um lado, e a orientação espacial, por outro. Uma possibilidade de explicar por que a alternância entre esses dois modos de pensar está no cerne da criatividade decorre da noção de que, para criar algo, é preciso combinar ideias em alguma forma de associação original. A divagação da mente permite o confronto de ideias, enquanto a concentração nos possibilita testar se elas são sem sentido ou interessantes e novas. Quanto mais observamos, mais descobrimos que o hipocampo desempenha um papel central nessas duas atividades, facilitando uma polinização cruzada muito produtiva no cérebro. Podemos até pensar na divagação mental como uma forma de "pensamento divergente", em que ponderamos muito além das restrições normais de um problema e de suas possíveis soluções.

Enquanto estamos no estado mental de modo default, em geral nos entregamos a um pensamento autobiográfico de escala ampliada sobre o nosso passado e possíveis futuros. Também passamos o tempo pensando nos outros — praticamos a *cognição social* mesmo na ausência de outras pessoas. Podemos até mesmo nos entregar a fantasias. Talvez outra forma de pensar sobre a rede de modo default seja considerar que ela está envolvida na construção de histórias e narrativas sobre nós mesmos e sobre o mundo mais amplo em que vivemos. Como resultado, alguns teóricos chegaram ao ponto de sugerir que a atividade da rede de modo *default* constrói o núcleo da individualidade, porque ela é muito ativa e engajada durante os atos de recordação autobiográfica.[10]

Uma série de experimentos demonstrou que, quando assistimos a filmes, lemos, contamos ou ouvimos histórias, é a rede do modo *default* que está ativa. Como vimos, a hipótese de que a criatividade pode surgir da oscilação entre a atividade do modo *default* e a atividade concentrada na tarefa é uma teoria atraente. No entanto, uma ideia ainda mais sedutora, conforme a conclusão recente de um estudo importante, é que a criatividade surge quando tanto a rede *default* quanto a rede concentrada na tarefa estão *simultaneamente* ativas. Por exemplo, é como se estivéssemos tentando observar com atenção uma floresta (o todo) e as suas árvores (os detalhes) ao mesmo tempo.[11]

A psicologia e a neurociência demoraram a reconhecer os benefícios da caminhada como um estímulo ao pensamento criativo. Uma exceção a esse atraso, no entanto, é o trabalho do psicólogo, economista e Prêmio Nobel Daniel Kahneman. Em seu ótimo livro *Rápido e devagar: duas formas de pensar*, ele observa que tem uma velocidade ideal para pensar e trabalhar enquanto caminha.[12] Até mesmo sugere que o estímulo físico leve associado à caminhada pode gerar níveis mais altos de alerta mental. O relato de Kahneman tem uma conclusão interessante: se alguém tentar calcular 23 × 78 de cabeça enquanto caminha, é quase certo que vai parar de andar. Kahneman comenta que: "Acelerar além de minha velocidade de caminhada muda completamente a experiência de andar, pois a transição para uma caminhada mais acelerada acarreta uma acentuada degradação em minha capacidade de pensar coerentemente".[13] O exemplo de Kahneman se refere, é claro, à sua experiência particular; a tarefa de multiplicação é um problema bem definido, controlado por regras restritivas, cuja solução requer uma sequência rigorosa de subtarefas, todas elas dependendo muito da capacidade de manter representações simultâneas na memória de trabalho. Em outras palavras, uma solução criativa não é necessária — na verdade, ela seria profundamente indesejável. Contudo, será que esse é o caso em outros tipos de problemas? O que dizer de problemas que ainda não têm uma resposta definitiva, porque eles próprios são difusos, têm uma proposta ruim ou a uma formulação é incompleta?

Um contraponto a Kahneman é a história do grande matemático irlandês sir William Rowan Hamilton, do Trinity College de Dublin. Hamilton estava se esforçando para criar uma teoria — o sistema numérico chamado "quatérnios", que estende a teoria dos números complexos ao espaço tridimensional. A matemática aplicada por ele nesse estudo é estranha e alheia à experiência cotidiana, mas atualmente encontra muitas aplicações na física, bem como em jogos de computador, animação e gráficos, e até mesmo no design de escovas de dente elétricas.[14] Hamilton descobriu a solução que buscava em uma de suas caminhadas regulares de duas horas entre o Observatório Dunsink, ao norte de Dublin, e o Trinity College ou a Royal Irish Academy (ambos no centro da cidade). Ele usou o seu canivete para inscrever sua equação fundamental na pedra da Broom Bridge em Cabra, Dublin. Hoje, uma placa comemora o insight que ele teve:

> Aqui, ao passar em 16 de outubro de 1843,
> Sir William Rowan Hamilton
> em um lampejo de gênio, descobriu
> a fórmula fundamental para
> a multiplicação de quatérnios
> $i^2 = j^2 = k^2 = ijk = -1$
> & a inscreveu em uma pedra desta ponte.

O próprio Hamilton descreveu esse momento da seguinte maneira: "E aqui me ocorreu a ideia de que devemos admitir, em certo sentido, uma quarta dimensão do espaço para o propósito de calcular com triplos [...] Um circuito elétrico pareceu se fechar e uma faísca se acendeu".[15] O relato apresenta muitos dos elementos essenciais que configuram um momento de inspiração criativa: o longo período de contemplação, preparação e incubação, a construção e a formulação ativas de um novo problema, um experimento de soluções distintas por meio de um período prolongado de reflexão. E, durante todo esse tempo, muitas caminhadas. Atualmente, o trajeto de duas horas feito pelo matemático é repetido todos os anos, em 16 de outubro, na chamada "Caminhada Hamilton", um evento organizado para celebrar a importância de seu trabalho e do qual participam matemáticos do mundo inteiro.

O que podemos concluir dessas histórias, então? Andar a pé dificulta ou facilita o pensamento matemático criativo? Elas abordam problemas diferentes: um é bem definido, com uma solução única; o outro é mal definido, exigindo uma solução criativa. Isso sugere que caminhar facilita a análise desse segundo tipo de problema, para o qual o pensamento divergente é necessário — pensamento que requer a exploração de várias soluções em potencial. A atividade pode afetar o processo de pensamento criativo enquanto é realizada, após ser finalizada ou em ambos os momentos, e isso pode ocorrer de forma positiva ou negativa, a depender de quando se calcula o efeito da intervenção (ou seja, da caminhada). É possível que haja um efeito de transbordamento duradouro e indireto sobre o pensamento criativo, decorrente do próprio fato de o cérebro estar em uma condição fisiológica melhor do que estaria sem a atividade. Por fim, temos de considerar mais um aspecto: como Kahneman reconhece, andar em alta velocidade exige esforço e atenção contínua para impedir que se comece a correr ou, simplesmente, para evitar tropeços e quedas. Embora já saibamos que a aptidão aeróbica tem efeitos múltiplos, profundos, positivos e duradouros no cérebro, assim como nas funções do coração e pulmões, pode ser que caminhar a uma velocidade um pouco mais lenta, abaixo da que exige um monitoramento contínuo, exerça o melhor efeito possível sobre a cognição criativa.

Antes de explorarmos mais a fundo as contribuições da atividade física para a cognição criativa, vamos perguntar o que de fato queremos dizer quando usamos o termo "criatividade". O que é o pensamento criativo? Uma definição amplamente aceita é que ele envolve dois conceitos centrais: a criação de algo que seja original e no qual se possa colocar algum valor.[16] (Essas são avaliações subjetivas, é claro, e o que pode ser visto como valioso em um momento pode não ser em outro.) A criatividade é avaliada com mais frequência por testes que se concentram tanto no pensamento divergente quanto no convergente e, de modo ocasional, na expressão artística. O pensamento divergente normalmente envolve a geração de várias soluções para um problema (uma pergunta padrão é "Quantos usos se pode imaginar para um tijolo?") durante um tempo limitado. O pensamento convergente, por outro lado, exige uma solução única e exclusiva que resolva exatamente esse problema específico. Decifrar um jogo de palavras cruzadas enigmáticas (ou criptograma) é um exemplo de solução convergente, assim como a famosa equação de Einstein $E = mc^2$.

Seja qual for o tipo de solução de que precisemos, como os pensamentos originais ou criativos surgem no cérebro? Uma maneira prática de imaginar o cérebro é como uma rede extremamente complexa de células, regiões e circuitos, com níveis diferentes de tráfego entre as suas várias partes, dependendo das demandas que estão sendo feitas a ela. As áreas que são distantes umas das outras tendem a interagir menos, e as que são próximas vão ter uma interação maior. Vamos considerar a extensa rede de pessoas a quem recorremos para resolver uma série de problemas, seja preencher uma declaração de imposto de renda ou consertar o encanamento: é provável que aprendamos mais com quem não interagimos tanto. O cérebro funciona de maneira semelhante quando se trata do processo de criação de novas ideias. Precisamos ter acesso a associações isoladas e distantes entre diferentes áreas cerebrais, pois é assim que as ideias novas, interessantes e criativas podem surgir.

É óbvio que devemos ter muito conhecimento a respeito do problema — um cérebro bem abastecido é uma pré-condição importante para se chegar a uma solução criativa. Outra maneira, complementar à anterior, é ativar mais áreas do cérebro. Uma das maneiras mais simples de fazer isso é se levantar e sair para andar. A postura ereta causa mudanças imediatas na pressão arterial e na atividade cerebral. Ficar de pé e caminhar exige mais do corpo e do cérebro do que ficar sentado.[17] Os vários e distintos sistemas cerebrais necessitam de mais oxigênio e de maior atividade para garantir que não vamos cair, para que possamos ver para onde estamos indo e para coordenar os nossos membros. Em seguida, é preciso tomar microdecisões rápidas sobre a direção do trajeto, mesmo que seja apenas uma volta em redor do escritório. Um efeito colateral simples de se levantar e se movimentar é que a atividade se espalha por regiões cerebrais mais distantes — aumentando a probabilidade de que meios pensamentos e ideias incompletas, abaixo do nível da consciência, possam se unir em novas combinações.

Nós podemos demonstrar que esse esquema teórico está correto ao testar de modo sistemático ideias originais que são geradas quando se está sentado, de pé e caminhando. Experimentos inovadores recentes mostram que caminhar estimula a criatividade e a resolução de problemas de diversas maneiras inesperadas. Os psicólogos Marily Oppezzo e Daniel Schwartz, da Universidade de Stanford, conduziram uma série de experimentos nos quais os participantes realizaram testes de criatividade.[18] O primeiro era um teste de usos divergentes (por exemplo, a pergunta do tijolo), enquanto o segundo consistia na criação de metáforas (descrever um ovo eclodindo como "um casulo rompendo", por exemplo). Os participantes caminhavam (em uma esteira ou ao ar livre), ficavam sentados ou eram empurrados em uma cadeira de rodas. Em todos os casos, qualquer modalidade de caminhada aumentou substancialmente as pontuações em ambos os tipos de teste, sendo que o maior grau de inovação foi observado naqueles que andaram ao ar livre. Esses efeitos são robustos: de forma sistemática e constante, a produção de ideias aumentou em várias vezes para os que caminharam, em relação aos que ficaram sentados. Como os pesquisadores concluíram de forma muito simples: "Caminhar abre o fluxo livre de ideias". Esses e outros estudos semelhantes sugerem que a caminhada é um impulso poderoso para a cognição criativa devido ao modo particular como ela provoca interações remotas no cérebro, além do estímulo fornecido pela natureza.

A caminhada pode afetar a criatividade de forma diferente do exercício aeróbico? Ela oferece um método confiável de gerar pensamentos criativos que, de outra forma, poderiam não vir à tona? Para responder a essas questões, precisamos tentar avaliar as ideias criativas geradas durante a caminhada e também como resultado de ter caminhado (embora as situações possam se sobrepor, não são a mesma coisa).

Alguns experimentos recentes também procuraram testar se o estado de ânimo, além do movimento, pode desempenhar um papel no aumento da criatividade.[19] A pergunta é: a melhora do estado de ânimo tem um efeito sobre a criatividade, apesar do exercício; ou o exercício tem um efeito sobre a melhora da criatividade, apesar do humor? Para testar essa questão, alguns participantes foram recrutados para fazer um exercício ou uma dança aeróbica e assistir a um vídeo pouco estimulante. Primeiro, eles assistiam ao vídeo e depois se exercitavam ou vice-versa. Em ambos os casos, o estado de ânimo foi avaliado por meio de uma lista de conferência de adjetivos positivos e negativos, e os participantes também responderam a um teste criado para medir a fluência, a originalidade e a flexibilidade de seu pensamento criativo. Em média, descobriu-se que vinte minutos de exercícios elevavam o ânimo em cerca de 25%, enquanto assistir ao vídeo o baixava. Eles também descobriram que o exercício tem um efeito sobre a criatividade, embora o resultado tenha sido menor do que o da correlação entre exercício e estado de ânimo. A fluência e a flexibilidade criativas aumentaram, ainda que não tenha havido efeito sobre a originalidade. De modo geral, a conclusão foi que o exercício físico "pode ser considerado um fator que melhora ligeiramente o pensamento criativo [...] apesar das mudanças de humor".

Uma consequência importante da ideia de que somos cognitivamente móveis é reconhecer que o cérebro ocupa espaço dentro do corpo: os estímulos que entram e saem do cérebro (*inputs* e *outputs*) são mediados pelo corpo. O fato de que as regiões cerebrais relacionadas ao pensamento, ao raciocínio e à imaginação estejam interconectadas às que se ocupam do planejamento e do movimento intencional faz sentido em termos de neuroanatomia — e se presumirmos que o objetivo do pensamento é a ação ou o movimento. É por isso que a humilde ascídia precisa de um cérebro quando é móvel, mas não quando é séssil. Atualmente está ficando mais claro que até mesmo a nossa postura, assim como o movimento, também poderia ter um efeito sobre a cognição, o humor e a criatividade. É difícil separar completamente o ânimo disso, uma vez que o senso comum nos diz que o ânimo positivo está associado à abertura para a experiência, e que isso, por sua vez, poderia se refletir na forma da postura que adotamos. No entanto, um estudo recente pediu aos participantes que assumissem uma postura fechada (braços e pernas bem cruzados) ou aberta (braços e pernas estendidos) e, em seguida, assistissem a um vídeo de teor positivo ou negativo.[20] É importante lembrar que não é o estado de ânimo em si que é fundamental, mas o seu efeito mediado pela postura adotada. Quando o ânimo e a postura são congruentes, mesmo em um estado negativo e com uma postura fechada, a criatividade deve ser afetada de forma positiva. E os efeitos observados pelo estudo — que estavam presentes, embora não fossem particularmente fortes — sugerem que a criatividade pode ser facilitada pela adoção de posturas compatíveis com o estado de ânimo que estamos experimentando no momento.

Estudos desse tipo enfatizam até que ponto o que fazemos, e como fazemos, afeta a criatividade. Também sugerem que os métodos padrão de avaliação da criatividade aplicados por várias gerações de psicólogos e neurocientistas poderiam estar subestimando a capacidade criativa humana, pois os ambientes em que realizamos os testes e as posturas que pedimos que os participantes adotem restringem o seu desempenho. Essa hipótese também é válida no caso dos profissionais em seus ambientes de trabalho. Se quisermos incentivar formas mais livres de cognição criativa, precisamos fazer com que as pessoas se levantem de suas mesas, se afastem de suas telas e se movimentem. Esse efeito específico do movimento sobre a criatividade é uma fonte poderosa de geração de novas ideias muito pouco explorada. A construção de prédios de escritórios que ofereçam espaços internos e externos nos quais seja possível circular e conversar deve ser incentivada, assim como o fornecimento de meios fáceis de captura dos pensamentos em tempo real. A questão fundamental, porém, é legitimar, apoiar e institucionalizar esse comportamento durante o trabalho. Esperar que os trabalhadores do conhecimento gerem soluções profundas e criativas para problemas complexos enquanto permanecem sentados em um escritório de uso comum e lotado não é apenas irracional, mas também contraproducente.[21] A adoção de estratégias que aproveitem o poder da cognição móvel terá efeitos mensuráveis no estado de ânimo e no bem-estar do trabalhador, bem como em sua produtividade. Não há motivo para não tentar, a não ser pela inércia comportamental e organizacional — que, obviamente, é o obstáculo mais difícil de superar.

Agora sabemos que é possível alcançar um estado mais criativo quando estamos em movimento. Embora esse estado possa nos ajudar a resolver diferentes tipos de problemas de forma mais inventiva, também descobrimos que ele pode moldar a nossa experiência do mundo — por exemplo, pode mudar a natureza de nossa percepção sobre o tempo. Se estivermos dirigindo por uma estrada tranquila do interior, uma viagem de três horas pode parecer mais curta. Por outro lado, é quase certo que o mesmo tempo de viagem em uma rodovia engarrafada vai parecer muito mais longo. A percepção que temos da passagem das horas não tem a coerência de um relógio — nossas unidades psicológicas de tempo não são as mesmas que as unidades cronológicas de tempo. Nesse caso, o prazer afeta a percepção. Certamente, uma caminhada sob o sol do meio-dia, enquanto estamos com sede, cansaço e fome, vai parecer mais extenuante e longa do que uma feita em condições térmicas mais agradáveis e quando estivermos descansados, alimentados e hidratados. Em geral, os humanos subestimam ou superestimam os intervalos de tempo em função de como estão se sentindo. Uma frase que captou isso muito bem é a explicação do conceito de relatividade, atribuída ao físico alemão Albert Einstein: "Uma hora sentado com uma garota bonita em um banco de praça passa como um minuto, mas um minuto sentado em um fogão quente parece uma hora".

Será que a estimativa de como sentimos a passagem do tempo quando estamos andando é diferente de quando, por exemplo, estamos sentados? Para responder a essa pergunta, precisamos recorrer ao carro-chefe dos estudos sobre o caminhar humano, a esteira, e pedir que participantes a usem enquanto executam tarefas de estimativa de tempo. Em uma dessas tarefas, eles devem pressionar um botão depois de estimarem que se passou determinado período de tempo: pode ser um intervalo tão curto quanto de um segundo, de cinco segundos, de um minuto ou mais. Ao variar o que pedimos que os participantes façam enquanto realizam várias estimativas de tempo, podemos ver se a tarefa altera as suas previsões. Também podemos testar se há diferenças sistemáticas na estimativa de tempo entre os indivíduos.

Em outro desses estudos, os participantes caminhavam (uma tarefa de desempenho motor) enquanto realizavam uma tarefa cognitiva, ou seja, faziam estimativas de intervalos de um segundo.[22] Durante os primeiros trinta segundos do teste, os participantes tiveram acesso a um metrônomo ajustado para marcar o ritmo de um segundo. Os participantes foram instruídos a pressionar um botão em sincronia com o instrumento para praticarem a estimativa do tempo enquanto estavam sentados ou caminhando na esteira. Se a caminhada é regida e controlada principalmente pelos geradores de padrão central na medula espinhal, então deveria existir um efeito relativamente pequeno da estimativa de tempo sobre a velocidade da caminhada. Isso ocorre porque não é o movimento das pernas que define o ritmo, mas o nosso metrônomo interno, e ele pode funcionar de várias maneiras: por meio de uma instrução "de cima para baixo" vinda do cérebro; pela estimulação oriunda dos geradores de padrão central na medula espinhal; e em função da própria caminhada ou de qualquer feedback que surja dela. Nesse caso, as tarefas de estimativa de tempo vão nos permitir testar essas possibilidades. Os resultados confirmaram que essa estimativa variava com a velocidade da caminhada. Assim, a própria caminhada altera as estimativas de unidades subjetivas de tempo que o participante experimenta — ou seja, a experiência de tempo varia em função de estarmos andando ou sentados.

E experiência de tempo pode variar muito entre dois polos. A impressão de que o tempo passa muito devagar é familiar para o andarilho que sobe por uma trilha íngreme a passos lentos e com dificuldade, durante a chuva e com a mochila pesada nas costas. Por outro lado, quando o clima é ameno e a trilha é de descida, às vezes a experiência pode ser tão agradável que grandes distâncias são percorridas com a noção de mínimo de esforço e de tempo relativamente curto. Esse estado é conhecido como "fluxo" (ou *flow*) e pode ser aplicado não apenas à caminhada, mas a uma grande variedade de atividades, como o trabalho, o esporte e a todo tipo de desempenho especializado. Algumas vezes chamado de "psicologia da experiência ideal", o fluxo é um conceito psicológico central e foi desenvolvido pelo psicólogo húngaro-americano Mihaly Csikszentmihalyi.[23] Trata-se da experiência subjetiva de concentração e profundo prazer que acompanha ou resulta de um desempenho habilidoso. Os sentimentos de controle, de unidade, de imersão, de estar absorto, todos são características do fluxo. A experiência desse estado é muito diferente da euforia de superar uma trilha difícil e se sentar para um merecido descanso; em vez disso, ela consiste em liberar a mente e o cérebro da tarefa de controlar cada segundo da caminhada e, ao mesmo tempo, percorrer uma distância considerável.

Nós, humanos, somos caminhantes habilidosos, experientes e bem-sucedidos: a caminhada é o principal meio para experimentar o fluxo e está disponível para quase todos nós. A atividade pode facilitar a alternância entre diferentes estados mentais, e é isso o que torna a cognição criativa mais possível, precisamente porque caminhar permite experimentar uma *desatenção plena* (o oposto da *atenção plena*) especialmente agradável. Caminhar, com a experiência de não se deixar envolver em algum pensamento específico, é uma dessas oportunidades em que associações estranhas, mas criativas, podem surgir em diferentes partes das redes semânticas do cérebro que processam a memória e o significado.

Um estudo interessante e original sobre a relação entre caminhar e pensar foi realizado entre um pequeno grupo de acadêmicos noruegueses.[24] Os participantes foram escolhidos porque todos gostam de fazer caminhadas longas e com regularidade. Além disso, eles consideravam que a atividade contribuía muito para os ajudar a pensar. É difícil tirar conclusões generalizadas a partir de uma amostra tão pequena, mas, mesmo assim, as entrevistas semiestruturadas que foram realizadas no estudo revelam alguns pontos instrutivos. Todos os entrevistados acharam que caminhar em determinado ritmo favorecia a capacidade de reflexão, e enfatizaram a palavra "ritmo" de maneiras diferentes. A velocidade ideal que facilitava essa capacidade variava, mas o consenso entre o grupo era de que ela seria "uma velocidade em que seu corpo está engajado e estimulado, mas não muito sobrecarregado". Outro tema comum foi o fato de considerarem o pensamento quase como um "lugar". Um dos entrevistados disse:

> Sinto como se estivesse dentro disso, nesse tipo de mundo abstrato e estranho [feito] das coisas que eu li, das coisas que eu pensei enquanto lia. Eu penso nisso como um estado, mas também de forma geográfica, que se está em um lugar onde todo esse conhecimento o rodeia em formas estranhas, mais ou menos sólidas, então você pode meio que invocar tal livro, tal argumento, tal pensamento, e tal texto que associou àquele autor, e tudo isso está disponível para você. Você está no meio disso e pode recorrer a esses pensamentos.

O que vemos aqui, como ao longo de todo este livro, é que caminhar nos leva a um lugar onde o pensamento é mais claro. Podemos nos imaginar capazes de nos afastar de um problema ao chegar a um lugar onde é possível encontrar uma solução. Um estado de solução criativa de problema que é peculiar e maravilhoso, em muitos aspectos comparável àquele que pode surgir quando estamos quase sonhando e até mesmo durante o sonho. A expressão "dormir para pensar melhor" é uma prova cotidiana dos poderes criativos e geradores do sono, e escritores de todas as épocas comprovam as suas propriedades notáveis para resolver problemas. O escritor norte-americano e Prêmio Nobel de Literatura John Steinbeck escreveu que "É uma experiência comum que um problema difícil à noite esteja resolvido pela manhã, depois que o comitê do sono tenha trabalhado nele".[25] Os cientistas chegaram à mesma conclusão: um exemplo famoso é o do químico alemão August Kekulé que, após sonhar com uma cobra mordendo a própria cauda, percebeu que a estrutura molecular do benzeno devia ter o formato de um anel.[26] Além de ser uma história curiosa, no entanto, há estudos experimentais que corroboram essa conexão. Em um deles, os participantes receberam uma tarefa cognitiva difícil que exigia o aprendizado de uma série de sequências de estímulo-resposta. Havia um atalho oculto na tarefa — uma regra abstrata que permitia encontrar soluções rápidas. A exposição ao problema seguida de oito horas de sono mais do que dobrou a probabilidade de os participantes resolverem a tarefa, o que reforça a hipótese de que o sono proporciona tempo para a resolução de problemas e a consolidação da memória enquanto estamos "desligados".[27]

O desafio com o sonho é, obviamente, o fato de que os pensamentos podem ser muito fugazes para serem capturados, mas as suas características — como a perda de significado do tempo, a experiência de devaneio, a livre associação envolvida entre memórias e pensamentos distintos — ainda podem, em parte, ser criadas durante a caminhada. A regularidade do ritmo da caminhada, estimulada pelos geradores de padrão da medula espinhal, junto à redução da ênfase no tempo e no próprio tempo, talvez seja uma boa maneira de dar o pontapé inicial no tipo de pensamento criativo de que todos precisamos. Portanto, da próxima vez que tivermos um problema difícil para resolver, avisaremos ao chefe que ficaremos ausentes da mesa sabe-se lá por quanto tempo (afinal, nossa estimativa de tempo será afetada); vamos dar uma volta e, ao retornarmos, é possível que já tenhamos uma solução para o problema. Talvez o chefe não se convença, mas peça que ele tente fazer a mesma coisa sozinho. É importante não nos esquecermos de levar algo para registrar os pensamentos, fazer algumas anotações, rascunhos, em uma página. Talvez ir com alguém que também se importe com a resolução do problema — e conversar de uma maneira focada e ao mesmo tempo descompromissada, de forma recorrente, fazendo pausas para falar sobre outros assuntos. É claro que precisamos ter uma mente bem abastecida, com muitas informações sobre o problema que vamos resolver. Fórmulas como $E= mc^2$ ou $i^2 = j^2 = k^2 = ijk = -1$ não surgem do nada, pois são soluções que exigem um intenso período de preparação, reflexão e foco. Devemos caminhar com o objetivo de pensar sobre o problema. Não importa se não o resolveremos imediatamente. O importante é caminhar sem esperar uma solução, mas pelo prazer de estar caminhando e de pensar sobre o problema.

Há uma lição poderosa a ser aprendida aqui: as pessoas encarregadas de problemas complexos, no campo da política, das organizações e em outros não deveriam ficar confinadas em salas de conferência. Elas deveriam sair e caminhar em busca de melhores soluções, e de um mundo melhor.

8.

A caminhada social

Há algumas caminhadas que eu evito. Nunca fiz uma peregrinação; é quase certo que nunca farei. Que eu saiba, nunca caminhei dormindo — e espero que isso nunca aconteça. Nunca andei na prancha ou no tapete vermelho. Espero evitar essas duas coisas também. Tampouco participei de muitas marchas de protesto.

Muitas das melhores caminhadas de minha vida foram feitas com amigos e familiares, geralmente em cidades, mas muitas vezes também no campo. Várias de minhas melhores lembranças de caminhadas são de dias frios e ensolarados: um pouco de frio ajuda a evitar o calor e o suor excessivos, e um pouco de sol deixa tudo mais claro, e a conversa flui com facilidade. Eu gosto de caminhar principalmente à noite. A caminhada noturna pode parecer um pouco estranha, talvez um pouco antissocial, mas também oferece algo especial, ainda mais quando estamos caminhando com um amigo por ruas tranquilas e sem trânsito, vislumbrando breves fragmentos de vida e de luz ao passarmos em frente a janelas de casas e prédios, olhando para as estrelas, sabendo que uma cama confortável nos aguarda. Há algo de sobrenatural nas caminhadas noturnas, algo que nos faz ver o mundo de forma diferente. Thomas Kinsella, o grande poeta irlandês do urbano, escreveu em seu épico *Nightwalker* que, ao caminhar à noite, "as sombras estão vivas. Elas escapolem e cintilam/ Na superfície". Essa imagem pode ser assustadora quando se está sozinho, mas para mim, especialmente quando tenho companhia, é uma transformação maravilhosa: o mundano e o cotidiano se revelam de uma nova forma.

O que une essas andanças é algo que muitas vezes não se percebe nem se reconhece: em sua essência, a caminhada tem uma função social profunda. Caminhamos juntos por um ideal; caminhamos juntos para obter alimentos que serão compartilhados; caminhamos juntos para nos exibirmos socialmente; caminhamos juntos para tentar mudar o mundo; caminhamos juntos para encontrar vidas melhores para nós mesmos e para os outros; caminhamos juntos para desfrutar da companhia uns dos outros. Evoluímos para caminhar juntos, e a caminhada social tem uma função demonstrativa: ela envia sinais aos outros sobre as nossas intenções em comum e os nossos objetivos coletivos. A social pode ser a melhor das caminhadas, seja em direção a um objetivo comum ou apenas para perambular sem ir a um lugar específico.

No entanto, muitas vezes não percebemos até que ponto a atividade é feita em grupo — pode ser uma família nuclear, uma família extensa, uma multidão de adolescentes vestindo blusas de moletom com capuz, homens mais velhos arrastando seus tacos de golfe de um lado para o outro ou fileiras de soldados marchando. É um erro muito grave e profundo pensar que caminhar é uma atividade exclusivamente solitária. Como já vimos neste livro, ao falarmos da nossa Eva andarilha ancestral, nossa relação com o ato de caminhar tem origem em tempos remotos. Observamos vestígios dessa herança social nas pegadas fossilizadas de um grupo de cerca de dezoito indivíduos que caminhavam juntos há aproximadamente 19 mil anos — os primeiros humanos modernos antigos.[1] Eles caminhavam em um terreno alagadiço próximo à base de um vulcão, nas imediações do atual lago Laetoli, na Tanzânia. Espalhadas por uma área mais ou menos do tamanho de uma quadra de tênis, as pegadas apresentam um desenho complexo, mas que revela alguns de seus segredos. O grupo é formado principalmente por mulheres e crianças. Seus pés estão afundando na lama. A água escorre de seus pés, deixando vestígios de gotas entre os passos. Um deles tem o que parece ser um dedo do pé quebrado.

Eles são um grupo social extenso e interativo, que presumivelmente carregava comida e água, e talvez armas básicas para proteção. Possivelmente estavam vestidos, mas isso é tudo o que sabemos sobre eles como indivíduos. Se não fosse por uma camada fina e prateada de cinzas vulcânicas que cobriu as suas pegadas, suas vidas, sua carne e seus ossos teriam se perdido completamente no tempo profundo evolutivo. Eles deixaram um eco, um rastro do que foram. Evidências antigas de outras épocas e lugares mostram caminhadas sociais semelhantes — na Austrália, na Inglaterra, na Argentina, na Nicarágua. Sem esses grupos maiores de andarilhos, não há reprodução, não há especialização, não há ataques coordenados a outros grupos para roubar alimentos ou outros recursos, não há colonização de novos lugares e não há novos horizontes.

Há também, é claro, algumas caminhadas que são realizadas individualmente, mas que têm uma dimensão social profunda. As peregrinações são um exemplo notável de caminhada social, mesmo quando o peregrino é um solitário. Elas são empreendidas em solidariedade a um propósito maior — a comunidade, uma causa, uma fé. Elas manifestam o poder de um ideal que induz a homenagem peregrina. Até mesmo o peregrino solitário caminha por e com uma comunidade mental imaginada. E há, também, as figuras solitárias do *boulevardier* ou do *flâneur* que encontram propósito no tecido social urbano, observando as multidões e passando o tempo mergulhando em espaços públicos e lugares lotados.

A caminhada social se manifesta de muitas outras formas positivas e poderosas, e é essencial para criar ou manter uma coesão coletiva tanto em uma escala íntima e individual quanto para a sociedade em um sentido mais amplo. É comum que os humanos caminhem juntos por trilhas, andem pela cidade com uma aparente falta de objetivo enquanto conversam ou participem de passeatas de protesto. Caminhar juntos oferece a oportunidade de uma conversa evoluir de uma forma que não poderia — na verdade, não evoluiria — se as pessoas simplesmente permanecessem sentadas. O escritor norte-americano Mark Twain expressou essa ideia com elegância:

> O verdadeiro charme do pedestrianismo não está na caminhada ou na paisagem, mas na conversa. A caminhada é boa para ritmar o movimento da língua e para manter o sangue e o cérebro agitados e ativos; a paisagem e os cheiros do bosque são bons para exercer sobre o homem um encanto discreto e inconsciente, e um consolo para os olhos, a alma e os sentidos; mas o prazer supremo vem da conversa.[2]

Caminhar pode ser fundamental para o nosso senso de conexão com outras pessoas e com o mundo ao nosso redor.

Um estudo importante e recente sobre os idosos concluiu que aqueles que caminham cerca de 150 minutos por semana são socialmente mais ativos e desfrutam de uma sensação de bem-estar geral melhor do que aqueles que são menos ativos.[3] Essa correlação entre atividade social e bem-estar geral foi demonstrada em uma grande variedade de estudos. Uma inovação possível em termos de saúde pública, e com tecnologia acessível, poderia ser o uso de mensagens de texto ou de comunidades em rede social para criar grupos de caminhada regulares para idosos — os benefícios seriam enormes e os custos, insignificantes.

Essa dimensão social da caminhada também é evidente desde cedo. Aprender a andar muda para sempre a qualidade de nossas interações sociais. Quando somos bebês e engatinhamos, a amplitude de movimentos da nossa cabeça é restrita; de quatro, a visão que temos é a do chão, e para olhar para cima e ver com clareza a pessoa que cuida de nós, precisamos nos sentar. Com a postura ereta, as coisas mudam: podemos ver uns aos outros com facilidade, sem precisarmos executar mudanças posturais incômodas. Aprender a andar modifica de maneira essencial a qualidade das interações sociais e dos gestos que as crianças podem fazer.[4]

Os estudos que observaram crianças que andam, que engatinham e que usam andadores, e compararam suas interações com cuidadores e brinquedos, mostraram que as que andam interagem mais com seus brinquedos e vocalizam infinitamente mais. As crianças aprendem a gesticular, emitir sons e a se movimentar para incluir socialmente o cuidador na brincadeira. Ter as mãos livres é libertador para o corpo e a mente da criança. Quando começamos a andar, as nossas oportunidades de interagir uns com os outros em qualquer transação aumentam drasticamente, até mesmo no simples compartilhamento de alimentos. Esse também é o caso, como vimos nos capítulos anteriores, quando comparamos andar a pé com viajar de carro. A pé, somos capazes de interagir uns com os outros em nível humano: literalmente, temos mais pontos em comum, podemos nos sincronizar com mais facilidade e compartilhar as nossas experiências, inclusive sobre as mesmas condições climáticas (um tema conhecido por aproximar estranhos).

Mais do que isso, como vimos, caminhar proporciona outra possibilidade, que é a da criatividade colaborativa e também de diversão. Pensemos em quando levamos as crianças para passear. Elas são caminhantes muito ativas, às vezes desordeiras e incontroláveis, e com razão. O exemplo delas deve ser um estímulo para que todos nós gostemos de caminhar — mas com prazer, e não simplesmente como um meio de ir de um recinto fechado para outro.

A caminhada social é um fenômeno curioso: a façanha surpreendente da coordenação móvel do cérebro e do corpo que ela demanda é frequentemente ignorada. A caminhada social exige que andemos em sintonia uns com os outros, o que nos permite manter um objetivo comportamental comum por algum tempo. Isso requer uma ação coordenada e simultânea de várias regiões do cérebro para controlar a própria trajetória e direção do movimento e, também, prever a trajetória e a direção do movimento daqueles que caminham conosco. O mais importante é que cada indivíduo use essas previsões para tentar sincronizar simultaneamente os seus movimentos com os da outra pessoa ou grupo, muitas vezes enquanto faz outra coisa, como falar, cantar ou gritar palavras de ordem. Essa é uma tarefa difícil, tanto que os robôs ainda não são capazes de executar! No entanto, o cérebro humano pode resolver esse problema de forma rápida e fácil, na maioria das vezes.

Somos muito sensíveis aos sinais sociais fornecidos por outras pessoas, e essa sensibilidade depende essencialmente da ação instantânea, em frações de segundo, de dois sistemas cerebrais: a rede de "mentalização"[5] e a rede de "neurônios-espelho".[6] A primeira é orientada para o julgamento — ela nos permite inferir a "capacidade de ação" dos outros, ou seja, até que ponto julgamos que eles vão seguir as nossas intenções. Já a rede de neurônios-espelho é orientada para a ação — responde da mesma forma aos próprios movimentos e aos movimentos semelhantes de outras pessoas, ou seja, sinaliza os movimentos dos outros; por exemplo, quando esticamos o braço para apertar a mão de alguém e quando esse alguém faz o mesmo. A combinação desses dois sistemas permite prever a direção do movimento ou da trajetória da pessoa com quem caminhamos. A cognição social requer a troca inconsciente de sinais, como fala, expressões, postura e movimentos corporais, e cria um mundo compartilhado por meio da atenção conjunta e da sincronização interpessoal apoiadas por sistemas cerebrais que representam tanto a capacidade de ação quanto as ações dos outros.

Portanto, somos capazes de caminhar lado a lado. E por que queremos fazer isso? Por que essa sincronização gera uma sensação de conexão? Em resumo, por que a caminhada social nos faz bem? Os psicólogos chamam esse fenômeno de "sincronização interpessoal". Interpessoal porque envolve duas ou mais pessoas; e sincronização porque imitamos a marcha uns dos outros, de um modo natural e inconsciente, o que implica outros processos mais profundos no cérebro e no corpo: nossa respiração se torna sincronizada, nossos batimentos cardíacos devem executar funções semelhantes em momentos semelhantes, e nosso cérebro leva em conta, simultaneamente, o que é provável que a outra pessoa faça, além de monitorar e controlar o que nós mesmos estamos fazendo.

Achamos que é relativamente fácil nos sincronizarmos com uma ou duas pessoas, mas caminhar em um grupo maior exige um esforço mais consciente de sincronização interpessoal, o que às vezes é facilitado pelo surgimento natural ou deliberado de um líder ou de um grupo de liderança. Nesse caso, é normal ocorrer uma dinâmica natural, que se expressa com mais frequência em conversas. Quando há três pessoas em um grupo e todas falam, uma pode prestar atenção na outra. Se uma quarta pessoa se juntar a elas, é comum que o grupo se divida em duas duplas após alguns instantes. Se o grupo for formado por cinco pessoas, normalmente ele vai se dividir em um grupo com dois integrantes e outro com três — esse parece ser o número máximo de pessoas ao qual podemos prestar atenção durante uma conversa, sem esforço e com facilidade. E parece que a mesma situação ocorre em grupos de pedestres.

Isso nos leva a um problema: a nossa inclinação natural será a de nos dividirmos em grupos de duas ou três pessoas, mas as passeatas ou outras formas de caminhada que reúnem grupos grandes e organizados devem ser coordenadas, para que o ritmo, a direção e a unidade sejam mantidos.[7] Um caminho fácil para essa coordenação é o uso de nossas vozes. Uma prática desde tempos imemoriais é cantar ou gritar palavras de ordem em uníssono enquanto se caminha junto em grandes grupos. Isso pode ajudar cada um de nós a coordenar a caminhada com os outros, servindo como uma espécie de metrônomo originário da voz para marcar o compasso. Se observarmos grupos ou pessoas participando de manifestações, veremos que muitas vezes elas estão acompanhadas por cantos, batidas de tambor ou algum outro tipo de som para facilitar a sincronização.

De acordo com o primatologista cognitivo Robin Dunbar, a linguagem é um elemento-chave na formação e na manutenção de grupos sociais humanos, com uma função semelhante à de cuidado e higiene interpessoais praticada por nossos primos, os primatas não humanos.[8] As propriedades de sinalização da linguagem rítmica falada ou cantada, que nos incita a ouvir, olhar para um lado, se mover para um outro, a tornam o meio perfeito para coordenar o comportamento de grupos maiores. Se todos nós quisermos participar da conversa, devemos permanecer atentos e falar alto o suficiente para que todos possam ouvir. Isso faz com que os integrantes do grupo se aglomerem e mantenham o mesmo ritmo entre si.

Esse problema de coordenação se desfaz, é claro, quando o grupo começa a ficar muito maior. Contudo, manter um ritmo regular pode servir para atenuar o problema do tamanho. Se for fornecido algum tipo de metrônomo externo, a sincronização deverá ser possível em diferentes tipos de comportamento, seja caminhar, bater palmas ou cantar. No caso de se usar um estímulo sonoro para coordenar o movimento em uníssono de um grupo, esperaríamos detectar a atividade não apenas nas partes do cérebro relacionadas à audição (os córtices auditivos), mas também nas relacionadas ao planejamento e à execução do movimento em si (o sistema motor, incluindo as áreas corticais motoras, pré-motoras e motoras suplementares).

As escalas de tempo da coordenação são importantes: quando batemos palmas em uníssono, por exemplo, não o fazemos com uma precisão de milissegundos (já que todos nós temos capacidades um pouco diferentes de audição, velocidade de movimento e outras). Em um experimento muito interessante, foi solicitado a grupos que sincronizassem um estalar de dedos. Isso revelou que os participantes com níveis mais altos de ansiedade social também apresentaram uma capacidade reduzida de sincronização com o grupo.[9] Portanto, a ansiedade que sentimos em relação ao desempenho de uma simples tarefa de sincronização social *dificulta* o desempenho real da tarefa. Mesmo em pequena escala, como no experimento citado, o chamado "medo do palco" é um fenômeno real que inibe as pessoas. Mesmo que a sincronização do estalar de dedos não seja explicitamente social, como quando uma pessoa está conversando com outra, a tarefa é implicitamente social: ter o mesmo comportamento que a outra pessoa. Essa dimensão social ficou evidente durante o estudo pelo aumento significativo da atividade em partes do cérebro que compõem a sua "rede social", bem como em regiões cerebrais relacionadas à introspecção e à autorreflexão.

Esse estudo foi realizado em escala micro — envolveu grupos pequenos de pessoas que faziam movimentos minúsculos com os dedos. Por um momento, vamos imaginar que fazemos parte de uma multidão numerosa e densa, talvez em um terminal de transportes urbanos ou em um evento esportivo. Uma das dificuldades encontradas com frequência em sistemas de transporte público de massa, como aeroportos, sistemas ferroviários ou outros locais, é garantir que as pessoas andem em um ritmo constante e coordenado com o de quem está à sua frente. O ideal nesses ambientes é que todos andem na mesma direção, garantindo que o fluxo de caminhada seja homogêneo. Como podemos garantir que esse fluxo seja constante e estável, de fato previsível, ao longo do tempo?

Outro estudo revelador explorou como o cérebro se envolve na caminhada social em uma escala maior.[10] Esse experimento utilizou a tecnologia conhecida como "espectroscopia de infravermelho próximo" (NIRS, sigla do termo em inglês *near-infrared spectroscopy*), que permite realizar uma medição aproximada do consumo de oxigênio em determinadas regiões do cérebro — a teoria é que as regiões do cérebro que são mais ativas provavelmente consumirão mais oxigênio. Os participantes usaram um dispositivo NIRS preso à cabeça enquanto realizavam tarefas de coordenação em grupo durante uma caminhada. Um grupo andou ao som de um metrônomo ajustado para setenta batidas por minuto (que é mais ou menos a frequência cardíaca em repouso de um adulto jovem e saudável), ao passo que o outro não recebeu qualquer indicação sonora. O primeiro grupo foi visivelmente melhor em coordenar a sua caminhada e em conseguir manter um ritmo constante. Houve também um aumento substancial da atividade nos lobos frontais dos integrantes desse grupo em comparação com os do grupo que não recebeu o som do metrônomo. Os lobos frontais estão geralmente envolvidos na formulação de intenções e no planejamento de ações, o que sugere que uma batida regular ajuda na sincronização das redes dos lobos frontais que podem estar envolvidas no planejamento e na seleção de objetivos.[11]

Os estudos desse tipo sugerem que o fornecimento de uma fonte sonora pulsando mais ou menos na mesma frequência cardíaca humana média pode garantir que grandes grupos mantenham um fluxo constante de caminhada. Taxas mais lentas ou mais rápidas podem significar que as pessoas mudam de ritmo de acordo com a situação. Isso significa que fornecer sons discretos, mas audíveis e em sincronia com a frequência cardíaca humana normal, pode ajudar a gerenciar o fluxo de pedestres em terminais de transporte movimentados, em shows ou até mesmo em uma situação crítica que exija evacuação.

Como o som pode acelerar a atividade dos caminhantes? Estudos demonstraram que o simples fato de observar outras pessoas se movimentando ativa o sistema motor no cérebro; por exemplo, observar um pé sendo movido para cima e para baixo ativa a área do córtex motor que controla esse movimento.[12] A imitação do comportamento de outras pessoas e a preparação para isso são pré-construídas no sistema nervoso. Nós nos preparamos automática e inconscientemente para a sincronização social de movimentos motores, sejam eles de partes do corpo ou do corpo inteiro (essa preparação não interfere na consciência, a menos que tomemos deliberadamente a decisão racional, ditada "de cima para baixo" pelo cérebro, de imitar o comportamento de outra pessoa).

Esses estudos confirmam o que já sabemos intuitivamente de nossa experiência cotidiana: os humanos são extremamente sensíveis aos comportamentos alheios e sincronizam rapidamente seu comportamento nos relacionamentos interpessoais. Essas capacidades também se manifestam desde a mais tenra idade. Os bebês desde muito cedo são capazes de rastrear os movimentos dos olhos, da cabeça e das mãos de pessoas que consideram importantes. Além disso, são capazes de imitar os gestos que os outros fazem para eles. O que acontece quando se trata de andar? A partir de que idade as crianças se tornam sensíveis às trajetórias de caminhada dos outros? Parece que crianças de apenas quatro anos são tão sensíveis à direção da caminhada quanto os adultos.[13] Isso foi revelado por um experimento que colocou crianças de quatro anos em frente a um computador que mostrava uma figura simples caminhando de cima para baixo na tela. Se elas não corrigissem o trajeto da figura, ela se chocaria contra uma árvore ou uma casa. Como a transmissão da imagem na tela do computador era em duas dimensões, não havia dicas de profundidade tridimensional disponíveis para ajudar as crianças a estimarem a provável trajetória de caminhada. Portanto, essa estimativa teve que ser feita com base apenas nas informações de movimento contidas na imagem bidimensional da caminhada. Surpreendentemente, as crianças tiveram o mesmo desempenho que os adultos e puderam discriminar diferenças de trajetória muito pequenas.

A sensibilidade à direção da caminhada de outras pessoas é um indício social muito importante, vital para transitar em meio a multidões sem que haja colisões. A sensibilidade à direção da caminhada de outros pedestres é necessária para cruzar o caminho ou interceptar essas pessoas (por exemplo, como pode ocorrer durante uma marcação dura da defesa em um jogo de futebol). O fato de essa sensibilidade em relação ao andar dos outros aparecer tão cedo no desenvolvimento sugere novamente que, em sua essência, nosso andar tem uma função profundamente social, como quando a criança corre e é agarrada pelo cuidador, desvia de um animal, corre para abraçar outra criança ou para interagir com ela em uma brincadeira. O nosso caminhar serve para muito mais do que apenas mobilidade individual — a atividade é uma fonte rica de interação social com outros seres humanos.

Conforme observado anteriormente, uma das grandes lições de nossa vida andarilha, e que muitas vezes é ignorada, é que a capacidade de caminhar evoluiu com um propósito social bem definido, como a migração e a exploração de novos mundos. Também caminhamos juntos em protesto — contra as decisões de regimes políticos, contra um indivíduo ou em resposta a uma violação de direitos —, algo que é fundamental para o bem-estar de nossa sociedade. Essa disposição de caminhar juntos, de dar expressão coletiva à nossa simpatia ou antipatia por algo, é uma característica realmente central de ser humano, algo que não é compartilhado nem mesmo com os nossos parentes mais próximos. De onde surge essa disposição para caminhar e marchar juntos? Segundo pesquisas que tratam do tema, podemos experimentar uma sensação psicológica elevada por fazer parte de uma grande multidão reunida para um propósito comum — seja em uma passeata de protesto, um show, um ritual religioso ou um evento esportivo.[14] As pessoas que conseguem se sentir parte de uma multidão relatam pelo menos um aumento transitório na sensação de bem-estar.

Essa sensação de "efervescência" resultante da atividade coletiva foi medida por meio de um questionário de autoavaliação, que incluía uma série de declarações simples, como "Eu me sinto conectado a outras pessoas quando estou em uma grande atividade coletiva de que gosto, como ir a um show, à igreja ou a uma convenção" ou "Quando vou a um casamento, sinto uma conexão com as outras pessoas que estão lá". Os entrevistados responderam a cada pergunta usando uma escala de sete pontos, que variavam entre "discordo totalmente" a "concordo totalmente". Na escala, as mulheres pontuaram um pouco mais do que os homens, da mesma forma que as pessoas que se autodeclararam religiosas comparadas às não religiosas. Quando comparadas com outros aspectos autoavaliados, verificou-se que as pessoas que obtiveram uma pontuação mais alta no questionário também foram aquelas que relataram se sentir menos solitárias, que abrigavam sentimentos mais positivos, que sentiam que sua vida tinha mais significado, que conheciam melhor a si mesmas e, por fim, que tinham maior probabilidade de se sentirem interdependentes em termos coletivos e relacionais. Essa "efervescência coletiva", como foi chamado o processo que descreve os benefícios psicológicos da atividade em grupo, é um fenômeno social real e se correlaciona com outros aspectos da vida que estão envolvidos em conexões sociais. De modo geral, verificou-se que os indicadores vitais pareciam ser melhores nos indivíduos que experimentaram altos níveis de conexão social durante a caminhada.

Já que a experiência de caminhar em grupo pode ser uma experiência emocionalmente intensa, seria possível acreditar que as assembleias e as passeatas são capazes de promover mudanças nas sociedades em que vivemos — o que nem sempre é o caso. Nas sociedades livres, podemos fazer parte de movimentos que reúnem multidões, mas a desvantagem está em confundir o que seria um sentimento de unidade, de interdependência, e seus resultados para as relações sociais com a influência real nos processos políticos ou nos resultados das políticas. Em geral, as realidades concretas da legislação ou da política não são afetadas. Às vezes, no entanto, as passeatas podem se transformar em manifestações de massa poderosas diante das quais os autocratas se veem impotentes, porque o consentimento é completamente retirado deles tanto pelo povo quanto pelo aparato de segurança do Estado. Um forte exemplo disso foram as manifestações em massa que precederam (e talvez até tenham causado) o colapso do bloco comunista europeu em 1989. As passeatas não são inúteis se forem associadas a outras formas de ações coletivas eficazes, com foco na mudança de leis e políticas.

As manifestações em massa organizadas pelo líder religioso e ativista indiano Mahatma Gandhi demonstraram a todos que a remoção do consentimento pelos governados tornou o poder colonial britânico insustentável na Índia. Essa foi uma lição que foi bem aprendida e influenciou as marchas pelos direitos civis dos cidadãos negros nos Estados Unidos, durante a década de 1960. As grandes manifestações de massa, que demonstram a profundidade e a amplitude de um sentimento político e social, por um lado, mas associadas à ação legislativa e às leis de direitos civis, por outro, promoveram mudanças profundas e duradouras no tratamento das minorias nos Estados Unidos. Houve manifestações pelos direitos civis também na Irlanda do Norte no final da década de 1960, o que foi visto como uma ameaça explícita ao então Parlamento de Stormont. Em 1969, durante uma dessas grandes marchas, os manifestantes foram atacados em Burntollet Bridge, no que foi descrito por um historiador como sendo "a faísca que acendeu o fogo da pradaria" na Irlanda do Norte.[15] O "fogo da pradaria" foi um conflito de três décadas que consumiu cerca de 4 mil vidas e cujas feridas ainda não cicatrizaram. Se aquela marcha tivesse sido permitida, a história da Irlanda do Norte poderia ter sido diferente — mas essa hipótese pertence ao campo das especulações históricas, e jamais teremos certeza.

Obviamente, há uma lição interessante aqui: as autoridades devem permitir que as passeatas ocorram livremente. Esses eventos devem ser policiados apenas para evitar danos à vida, à integridade física e à propriedade. A menos que sejam projetadas intencionalmente para paralisar de modo total e frequente a sociedade civil, as marchas podem funcionar como uma válvula de escape que libera a energia necessária para gerar mudanças sociais e políticas. Os autocratas, é claro, desprezam as passeatas e as manifestações livres, reprimindo-as com violência e de maneira frequente. É curioso, é claro, que a única forma de caminhada coletiva que os autocratas aprovam, o desfile militar, seja uma demonstração de força marcial, onde toda e qualquer individualidade é suprimida. O direito de se reunir e de marchar livremente indica que o poder de alguns sobre nós depende do consentimento que damos a eles. O ato de caminhar juntos pode resolver um problema de ação coletiva — afinal, como sabemos que todos pensamos e sentimos da mesma forma em relação a uma questão crucial? Bom, indo até o local da manifestação para caminhar em uníssono e provar isso nas ruas.

Como vimos ao longo deste livro, a caminhada em si é uma atividade fundamental para vários aspectos da vida individual e da sociedade, e também deve ser para os formuladores de políticas, os profissionais da área de saúde e os planejadores urbanos. Os caminhantes de todo o mundo precisam de uma carta que seja a base de nossas comunidades. A essência desse documento precisaria incorporar alguns princípios claros, e as suas disposições deveriam ser implementadas legalmente. No Capítulo 5, sugeri o acrônimo FASE como uma ferramenta para nossos urbanistas e arquitetos — "as nossas cidades devem ser *fáceis* (para caminhar); *acessíveis* (a todos); *seguras* (para cada indivíduo); e *estimulantes* (para todos)". Os princípios de projetos criados com base no FASE vão aumentar a qualidade de vida de todos nós. Isso é algo a que podemos aspirar e converter em política real se os políticos souberem que o nosso voto depende do apoio deles à carta do pedestre. Os princípios desse documento precisam ser traduzidos em projetos *in loco*, não como uma reflexão posterior, mas como o componente central do projeto.

A mensagem deveria ser direta: caminhar faz bem! Porém, nós também somos um pouco preguiçosos e resistentes a mensagens que nos pedem para reavaliar as nossas visões de mundo. Os documentos de política estrutural são úteis quando se pretende argumentar ou reforçar determinada visão.[16] Para garantir a mudança, os melhores métodos são apelos fundamentados em evidências, na realidade e na verdade, dentro do contexto de uma narrativa concisa que se alinhe ou complemente os valores que o ouvinte já tem.

No entanto, se apenas informar bastasse, não haveria campanhas antivacinação, não haveria fumantes e não teríamos problemas relacionados à obesidade. Uma campanha de incentivo a caminhadas deve apresentar algumas mensagens simples e diretas relacionadas à mudança de comportamento, como garantir a permeabilidade e a caminhabilidade em nossas cidades, oferecer áreas verdes bem projetadas para esse fim, promover as necessidades dos pedestres como a experiência humana central de mobilidade e movimento. Precisamos garantir que as nossas cidades permitam que façamos o que é natural para nós: oferecer oportunidades para muitas atividades, bem como lugares para descansar e recarregar as energias. Criar, desenvolver e defender lugares e espaços para caminhar é o desafio atual e futuro. Vencê-lo irá enriquecer as nossas vidas de muitas maneiras, até mais do que poderíamos suspeitar.

Posfácio

No decorrer deste livro, viajamos de volta às profundezas do tempo evolutivo para encontrar os nossos ancestrais bípedes. Testemunhamos como o caminhar é uma solução maravilhosa encontrada pela natureza repetidas vezes — desde os habitantes do fundo do mar e os tetrápodes ondulantes que buscam alimento em praias arenosas até nós, os humanos, que, determinados a conquistar novos mundos, empreendemos as grandes ondas migratórias que nos fizeram caminhar para fora da África em direção a todo o planeta. Para não nos perdermos, aprendemos que precisamos de mapas cognitivos que funcionam melhor quando são regularmente ativados pelo caminhar.

Flanamos pelas maravilhas que são as nossas cidades modernas, que podem ser os melhores lugares para se caminhar — se forem projetadas com esse propósito em mente. Precisamos conceber essa atividade nas cidades em seu sentido mais amplo, proporcionando as quatro características do acrônimo FASE, apresentadas no Capítulo 5, para os idosos, os jovens e aqueles que precisam usar bengalas, muletas e cadeiras de rodas. À medida que nos tornamos uma espécie cada vez mais urbana, não podemos deixar de lembrar que as cidades são feitas para as pessoas.

Viajamos de volta à infância, quando aprendemos a ficar de pé e nos esforçamos para manter o equilíbrio, caímos e nos esforçamos novamente para nos levantar. E aprendemos como todos os nossos sentidos se tornam mais aguçados ao caminharmos, liberando as nossas mãos para gesticularmos, para usarmos ferramentas, para carregarmos alimentos e crianças, enquanto os nossos pés se movem de modo rítmico, oscilando no ar, se firmando contra o solo, ganhando impulso e, em seguida, nos fazendo seguir em frente de novo. A maravilha desse ato corriqueiro é que fazemos isso de forma praticamente automática.

O que é possível fazer para que essas lições perdurem além da leitura deste livro? Por um lado, baixar um aplicativo de caminhada no smartphone e ativar os alertas. Quantos passos foram dados hoje? Quantos na semana passada? Além de medir a nossa caminhada, podemos comparar os nossos índices aos dos amigos, aos de nossa faixa etária, à média nacional. E, para caminharmos um pouco mais, tudo o que precisamos fazer é deixar o carro estacionado um pouco mais distante do nosso destino, descer do ônibus um ponto antes, andar até as lojas, até o trabalho, até a escola.

Sabemos que caminhar melhora a nossa disposição, mais do que imaginamos. A atividade também pode ser uma espécie de inoculante comportamental contra a depressão, bem como contra as mudanças lentas e danosas que moldam a nossa personalidade para pior porque somos sedentários. Além disso, caminhar também desperta poderes incríveis para a solução de problemas. Nossos impulsos criativos, estimulados por essa atividade, nos ajudarão a superar os desafios da vida.

A principal lição deste livro é a seguinte: caminhar melhora todos os aspectos de nossas atividades social, psicológica e neurológica. É a receita simples de que todos precisamos para melhorar a vida e fortalecer a saúde, e que devemos aplicar em doses regulares, grandes e pequenas, seguindo um ritmo adequado, dia após dia, seja em ambiente natural ou urbano. Precisamos tornar o caminhar uma parte natural e habitual do nosso cotidiano. Pisar firme nas calçadas; sentir o vento e a chuva em nosso rosto; deixar a luz do dia e a iluminação noturna dos postes estimularem as nossas pupilas; sentir o chão sob os nossos pés; ouvir os sons; conversar, ainda que com nós mesmos; deixar o ritmo da caminhada nos relaxar a ponto de nossa mente vagar, refletir, contemplar; viajar para o passado ou mergulhar em futuros possíveis; ou não pensar em nada. Embora o caminhar tenha as suas raízes em nosso passado evolutivo remoto, ele também é o nosso futuro — pois irá nos proporcionar todos os benefícios que agora conhecemos.

Agradecimentos

Este livro é o resultado direto de uma conversa excelente e reveladora que tive com Bill Hamilton — um homem sempre sensato e erudito, e meu agente literário na AM Heath — em outubro de 2016, no museu Wellcome Collection, em Londres. Eu não havia percebido que deveria escrever este livro até ter aquela conversa esclarecedora, interessante e importante. Por isso, e por muitos conselhos posteriores, obrigado, Bill! Agradeço ainda à equipe da AM Heath, especialmente a Jennifer Custer e Hélène Ferey, que, da mesma forma, trabalharam muito para ajudar este livro a ver a luz do dia. Um agradecimento especial também vai para Stuart Williams, da editora The Bodley Head, que enxergou o valor deste livro e deu o seu apoio para que fosse concluído. Eu não poderia ter tido um editor e uma casa editorial melhores. Agradeço também a Anna-Sophia Watts e Lauren Howard, ambas da The Bodley Head, por suas leituras atentas do original.

Os meus dois livros anteriores trataram de assuntos bastante distintos, mas há um tema subjacente que é comum a ambos e também a esta obra: o do "cérebro no mundo", de enxergar o mundo através dos "olhos do cérebro". Um dos meus interesses de pesquisa é a aplicação da psicologia e da neurociência na formulação de políticas públicas e áreas afins. Este é o melhor momento para se interessar por essas duas ciências devido ao trabalho maravilhoso que está sendo realizado em todo o mundo no estudo do cérebro e do comportamento. Minha esperança com este livro é que os formuladores de políticas preocupados com o tema — e que estão em organizações, governos, empresas ou em qualquer outro lugar — levem a ciência e as evidências mais a sério na hora de decidir e implementar políticas públicas. E que façam como os cientistas: conduzam experimentos, testem ideias e abandonem aquelas que não são boas segundo as evidências. As ideias deste livro se baseiam na leitura que fiz da literatura revisada por pares: embora possam ser controversas para políticos, arquitetos, urbanistas e engenheiros de tráfego, elas não são para a psicologia e a neurociência. Precisamos que os urbanistas e engenheiros adotem a caminhabilidade como a atividade central em torno da qual nossas cidades são planejadas e se desenvolvem — para o bem de todos.

Ao longo dos anos, eu gostei de caminhar com tantas pessoas que seria injusto — impossível, na verdade — citar todas. No entanto, devo citar algumas. Os meus pais, Mary e Rory, por estarem presentes durante as muitas quedas que tive na infância — e das quais não tenho lembrança —, que garantiram que eu acabasse sendo capaz de aprender a andar. Maura, a minha esposa, por todos esses anos de tantas caminhadas agradáveis em tantos lugares (mas mencionarei, em especial, as muitas que fizemos pelo calçadão de Salthill, ao longo da orla da Galway Bay, que hoje faz parte da trilha turística Wild Atlantic Way). Radhi, a nossa filha, que sempre esquece o quanto gosta de caminhar até que esteja realmente caminhando. Todos os Donnelly por tantos passeios excelentes em torno de Westport. Também devo mencionar Myles Staunton, por seu trabalho pioneiro na criação da Westport Greenway. John Miller e o falecido e muito saudoso Vincent McLoughlin, que me levaram para as minhas primeiras caminhadas, e depois a muitas outras, pelas montanhas Wicklow. Michael Gilchrist, por muitos passeios em Wicklow e Waterford. Vincent Walsh, pelos muitos trajetos maravilhosos, longos e sinuosos através da grandeza de Londres — e espero que haja muitos mais no futuro. Ted Lynch, por me ajudar com o latim e por me acompanhar em tantas caminhadas pelas maravilhas de Paris. Enda Kearns, pelos muitos passeios regulares de fim de tarde nos lindos arredores de Killiney Hill e Dalkey Hill. E a muitos outros, durante anos, em muitas outras cidades.

Agradeço aos leitores da versão preliminar deste livro, que o aprimoraram e me estimularam como escritor: Jennifer Rouine, John Miller, Vincent Walsh, Robert McKenna, Charlotte Callaghan, Fiona Newell, Giovanni Frazzetto, Ted Lynch, Bill Hamilton e Jennifer Custer.

Susan Cantwell me ofereceu uma ajuda administrativa excelente, pela qual sou profundamente grato e que acelerou muito a entrega deste livro.

Também quero agradecer ao Wellcome Trust e à Science Foundation Ireland pelo generoso apoio que deram à minha pesquisa ao longo dos anos. O Trinity College Dublin também merece um agradecimento especial por ser uma instituição maravilhosa e um ótimo lugar para se trabalhar. Como de costume, qualquer erro de informação no texto deve ser atribuído exclusivamente a mim, e peço desculpas antecipadamente por isso. Obviamente, tive que tomar decisões que dizem respeito à inclusão e exclusão de determinados tópicos da literatura científica e, da mesma forma, com relação à seleção e variedade de temas explorados. Infelizmente, a escrita tem que parar em algum momento, e é inevitável que algumas coisas fiquem de fora — tais como os avanços recentes e surpreendentes de regeneração da medula espinhal, que merecem estar em um livro próprio.[1]"

Notas

Introdução

1 Fitch, W. T. The evolution of speech: A comparative review. *Trends in Cognitive Sciences*, v. 4, n. 7, p. 258-267, jul. 2000. Disponível em: https://doi.org/10.1016/S1364-6613(00)01494-7.

2 Existe uma vasta bibliografia sobre a evolução do bipedalismo humano. Os artigos a seguir são uma pequena amostra: Thorpe, S. K. S.; Holder, R. L.; Crompton, R. H. Origin of human bipedalism as an adaptation for locomotion on flexible branches. *Science*, v. 316, n. 5.829, p. 1.328-1, jun. 2007. Disponível em: https://doi.org/10.1126/science.1140799; Sockol, Michael D.; Raichlen, David A.; Pontzer, Herman. Chimpanzee locomotor energetics and the origin of human bipedalism. *Proceedings of the National Academy of Sciences*, v. 104, n. 30, 12.265-12.269, jul. 2007. Disponível em: https://doi.org/10.1073/pnas.0703267104; Schmitt, Daniel. Insights into the evolution of human bipedalism from experimental studies of humans and other primates. *Journal of Experimental Biology*, v. 206, n. 9, p. 1.437-48, maio 2003. Disponível em: https://doi.org/10.1242/jeb.00279.

3 No entanto, os roboticistas estão tentando. Um caso de início promissor pode ser visto em: Robot masters human balancing act.

UT News, Austin, 02 out. 2018. Disponível em: https://news.utexas.edu/2018/10/02/robot-masters-human-balancing-act. E o *Big Dog*, da Boston Dynamics, é um exemplo extraordinário de quadrúpede robótico. Disponível em: https://web.archive.org/web/20120307142147/http://www.bostondynamics.com/img/BigDog_Overview.pdf.

4 STRAUS, E. W. The upright posture. *Psychiatric Quarterly*, v. 26, p. 529-61, jan. 1952. Disponível em: https://doi.org/10.1007/BF01568490.

5 RICHMOND, Brian G.; BEGUN, David R.; STRAIT, David S. Origin of human bipedalism: The knuckle-walking hypothesis revisited. *American Journal of Physical Anthropology*, v. 116, n. S33, p. 70-105, jan. 2002. Disponível em: https://doi.org/10.1002/ajpa.10019.

6 ABOURACHID, A.; HÖFLING, E. The legs: A key to bird evolutionary success. *Journal of Ornithology*, v. 153, n. 1, 193-198, maio 2012. Disponível em: https://doi.org/10.1007/s10336-012-0856-9.

7 "NATURE" being prescribed by GPs in Shetland. *BBC News*, out. 2018. Disponível em: https://www.bbc.com/news/uk-scotland-north-east-orkney-shetland-45758016.

1. Por que caminhar nos faz bem?

1 WOON, Jason T. K. et al. CT morphology and morphometry of the normal adult coccyx. *European Spine Journal*, v. 22, n. 4, p. 863-870, abr. 2013. Disponível em: https://doi.org/10.1007/s00586-012-2595-2.

2 ROUSSEAU, Jean-Jacques. *The Confessions of Jean-Jacques Rousseau*. Tradução e introdução de J. M. Cohen. Edimburgo: Penguin Classics, 1953. [Ed. bras.: *As confissões*. Tradução de Wilson Lousada. 4. ed. Rio de Janeiro: Nova Fronteira (Biblioteca Áurea), 2018. *E-book*.]

3 O psicólogo Martin Conway argumenta que "para muitas experiências, recordar apenas o significado ou o essencial pode ser suficiente". CONWAY, M. A. Memory and the self. *Journal of Memory and Language*, v. 53, n. 4, p. 594-628, out. 2005. Disponível em: https://doi.org/10.1016/j.jml.2005.08.005.

4 STROOP, J. R. Studies of interference in serial verbal reactions. *Journal of Experimental Psychology*, v. 18, n. 6, p. 643-62, 1935. Disponível em: https://psycnet.apa.org/doi/10.1037/h0054651.

5 Rosenbaum, D.; Mama, Y., Algom, D. Stand by your Stroop: Standing up enhances selective attention and cognitive control. *Psychological Science*, v. 28, n. 12, p. 1864-7, set. 2017. Disponível em: https://doi.org/10.1177/0956797617721270.

6 Carter, Sophie E. et al. Regular walking breaks prevent the decline in cerebral blood flow associated with prolonged sitting. *Journal of Applied Physiology*, v. 125, n. 3, p. 790-8, set. 2018. Disponível em: https://doi.org/10.1152/japplphysiol.00310.2018; Climie, Rachel E. et al. Simple intermittent resistance activity mitigates the detrimental effect of prolonged unbroken sitting on arterial function in overweight and obese adults. *Journal of Applied Physiology*, v. 125, n. 6, p. 1787-94, dez. 2018. Disponível em: https://doi.org/10.1152/japplphysiol.00544.2018.

7 Horner, Katy M. et al. Acute exercise and gastric emptying: A meta-analysis and implications for appetite control. *Sports Medicine*, v. 45, n. 5, p. 659-678, maio 2015. Disponível em: https://doi.org/10.1007/s40279-014-0285-4. Keeling, W. F.; Harris, A. J.; Martin, B. J. Orocecal transit during mild exercise in women. *Journal of Applied Physiology*, v. 68, n. 4, p. 1350–3, abr. 1990. Disponível em: https://doi.org/10.1152/jappl.1990.68.4.1350.

8 A formação hipocampal apresenta uma plasticidade extraordinária em resposta ao exercício aeróbico. Dados variados coletados de grupos distintos revelam que esse efeito é induzido de maneira sistemática pela prática do exercício aeróbico; ou seja, intervenções que promovem a saúde do coração também promovem a saúde do cérebro. Ver: Erickson, Kirk I. et al. Exercise training increases size of hippocampus and improves memory. *Proceedings of the National Academy of Sciences*, v. 108, n. 7, p. 3017-3022, jan. 2011. Disponível em: https://doi.org/10.1073/pnas.1015950108; Erickson, Kirk I. et al. Aerobic fitness is associated with hippocampal volume in elderly humans. *Hippocampus*, v. 19, n. 10, p. 1030-9, out. 2009. Disponível em: https://doi.org/10.1002/hipo.20547; Thomas, Adam G. et al. Multi-modal characterization of rapid anterior hippocampal volume increase associated with aerobic exercise. *Neuroimage*, v. 131, p. 162-170, maio 2016. Disponível em: https://doi.org/10.1016/j.neuroimage.2015.10.090. Para um resultado semelhante em jovens adultos, veja também: Griffin, Éadaoin W. et al. Aerobic exercise improves hippocampal function and increases BDNF in the serum of

young adult males. *Physiology & Behavior*, v. 104, n. 5, p. 934-941, out. 2011. Disponível em: https://doi.org/10.1016/j.physbeh.2011.06.005.

9 Griffin, Éadaoin W. et al., op. cit.

10 Ainda que formidável, essa capacidade de geração de imagens do cérebro apresenta uma questão crucial: é necessário ter uma teoria sobre qual atividade ocorre onde, por que e em qual escala de tempo para sustentar uma função ou um processo específico em que uma ou várias partes do cérebro trabalham de modo isolado ou, mais provavelmente, em conjunto. Mais do que isso, também se deve ter uma teoria sobre a ordem em que essa atividade pode ocorrer, se dentro, entre ou em torno das distintas regiões do cérebro. Isso significa que é fundamental a elaboração de tarefas orientadas para testar e entender o funcionamento cerebral. Será necessário o uso de experimentos controlados: essas são condições nas quais não é feita qualquer mudança ou manipulação, de modo a permitir que se estabeleça um parâmetro a partir do qual seja possível avaliar as alterações causadas por alguma indução. Sem controles adequados, não é possível saber se as alterações observadas surgiram apenas como resultado do acaso ou devido a uma manipulação experimental. Como saber se os resultados obtidos não são os chamados "falsos positivos"? Realizar controles e análise estatística, ter uma boa teoria e ética nas experimentações, raciocinar de forma clara, estar disposto a não se deixar enganar e pronto para renunciar a uma teoria que não se sustenta diante dos dados, todos esses pontos são requisitos essenciais para pesquisadores de imagens cerebrais (e para cientistas em geral!).

11 Ladouce, Simon et al. Understanding minds in real-world environments: Toward a mobile cognition approach. *Frontiers in Human Neuroscience*, v. 10, a. 694, jan. 2017. Disponível em: https://doi.org/10.3389/fnhum.2016.00694.

12 A amostragem de experiência nos permite entender o que uma pessoa está pensando e sentindo no decorrer de sua vida cotidiana, por exemplo, quando está caminhando. Csikszentmihalyi, M.; Larson, R. Validity and reliability of the experience-sampling method. In: *Flow and The Foundations of Positive Psychology*: The collected works of Mihaly Csikszentmihalyi. Springer, Dordrecht: Springer, ago. 2014, p. 35-54. Disponível em: https://doi.org/10.1007/978-94-017-9088-8_3.

13 Fu, Yu et al. A cortical circuit for gain control by behavioral state. *Cell*, v. 156, n. 6, 1139-1152, mar. 2014. Disponível em: https://doi.org/10.1016/j.cell.2014.01.050; Dadarlat, Maria C.; Stryker, Michael P. Locomotion enhances neural encoding of visual stimuli in mouse V1. *Journal of Neuroscience*, v. 37, n. 14, p. 3764-3775, abr. 2017. Disponível em: https://doi.org/10.1523/JNEUROSCI.2728-16.2017.

14 O site oficial do Museu de Arqueologia de Tirol do Sul, na cidade de Bolzano, na Itália, reúne todas as informações sobre Ötzi, o Homem de Gelo. Ver: http://www.iceman.it/en/the-iceman/. Veja também: Oeggl, Klaus et al. The reconstruction of the last itinerary of 'Ötzi', the Neolithic Iceman, by pollen analyses from sequentially sampled gut extracts. *Quaternary Science Reviews*, v. 26, n. 7-8, p. 853-861, abr. 2007. Disponível em: https://doi.org/10.1016/j.quascirev.2006.12.007; Paterlini, Marta. Anthropology: The Iceman defrosted. *Nature*, v. 471, p. 34-35, mar. 2011. Disponível em: https://doi.org/10.1038/471034a.

15 Haller, Vera. Modern marketing embraces iceman. *The Washington Post*, Washington, 11 abr. 1998. Política. Disponível em: https://www.washingtonpost.com/archive/politics/1998/04/12/modern-marketing-embraces-iceman/0d60afe8-a3c6-4a9c-acfa-16c9147b40d4/.

16 Trata-se de um caso instrutivo de dados sobre movimento compilados enquanto alguém caminha na natureza por uma longa distância e durante muitos dias. Luca Ardigò e um grupo de colegas das universidades de Verona e de Parma estudaram como um homem de 62 anos, razoavelmente ativo, se adaptou e respondeu à caminhada por uma trilha extensa nos Alpes. O italiano anônimo percorreu 1,3 mil quilômetros da Via Alpina. Veja em: Ardigò, Luca P. et al. Physiological adaptation of a mature adult walking the Alps. *Wilderness & Environmental Medicine*, v. 22, n. 3, p. 236-341, set. 2011. Disponível em: https://doi.org/10.1016/j.wem.2011.03.005.

17 Kaplan, Hillard et al. Coronary atherosclerosis in indigenous South American Tsimane: a cross-sectional cohort study. *The Lancet*, v. 389, n. 10.080, p. 1730-9, abr. 2017. Disponível em: https://www.thelancet.com/journals/lancet/article/PIIS0140-6736(17)30752-3/fulltext?code=lancet-site.

18 Motivado pelo estudo de caso do Ötzi moderno e pelo que sabemos sobre os efeitos da atividade física no cérebro e no corpo, muitas

vezes eu me pergunto se certos quadros de depressão mais grave poderiam responder a um período longo e prolongado de caminhada na natureza. Não tenho qualquer evidência de que seja assim, mas não me parece totalmente sem lógica diante do número, como veremos, de sistemas cerebrais e corporais que o ato de caminhar modula.

19 Stone, Arthur A. et al. (org.). *The Science of Self-Report*: Implications for Research and Practice. Nova Jersey: Lawrence Erlbaum Associates, 1999.

20 Observe que, no estudo de Althoff, é provável que os níveis de atividade estejam subestimados, já que os pesquisadores só coletaram dados gerados por podômetros. Períodos dedicados à natação, à prática de esportes de alta intensidade (como squash e badminton) ou de esportes coletivos que incluem algum grau de contato físico não são registrados por smartphones (embora haja desportistas profissionais nessas atividades que cada vez mais coletam os próprios dados por outros meios). Veja: Althoff, T. et al. Large-scale physical activity data reveal worldwide activity inequality. *Nature*, v. 547, n. 7.663, 336-9, jul. 2017. Disponível em: https://doi.org/10.1038/nature23018.

2. A marcha Africana

1 Sobre as ascídias, veja: Sea Squirt *Molgula manhattensis*. *Chesapeake Bay Program*. Invertebrados. Disponível em: https://www.chesapeakebay.net/discover/field-guide/entry/sea-squirt; Corbo, Joseph C.; Gregorio, Anna Di; Levine, Michael. The ascidian as a model organism in developmental and evolutionary biology. *Cell*, v. 106, n. 5, p. 535-8, set. 2001. Disponível em: https://www.cell.com/fulltext/S0092-8674(01)00481-0; Christiaen, Lionel. et al. The sea squirt *Ciona intestinalis*. *Cold Spring Harbor Protocols*, v. 4, n. 12. 2009. Disponível em: https://www.researchgate.net/profile/Lionel_Christiaen/publication/41424487_The_Sea_Squirt_Ciona_intestinalis/links/5760590d08ae2b8d20eb5fe7/The-Sea-Squirt-Ciona-intestinalis.pdf.

2 Embora a ascídia retenha alguma função ganglionar ou do tipo neural, em parte para controlar esses órgãos.

3 Geller, Jonathan B.; Fitzgerald, Laurie J.; King, Chad E. Fission in sea anemones: Integrative studies of life cycle evolution. *Integrative and Comparative Biology*, v. 45, n. 4, p. 615-22. Disponível em: https://doi.org/10.1093/icb/45.4.615.

4 Grieve, Janet. Open ocean – Larger plankton in the food chain. *Te Ara – The Encyclopedia of New Zealand*, jun. 2006. Disponível em: http://www.TeAra.govt.nz/en/diagram/5355/jellyfish-life-cycle; Katsuki, T.; Greenspan, R. J. Jellyfish nervous systems. *Current Biology*, v. 23, n. 14, R592-4, 2013. Disponível em: https://www.cell.com/current-biology/pdf/S0960-9822(13)00359-X.pdf.

5 Roberts, D.; Berger, Lee R. Last interglacial (c.117 kyr) human footprints from South Africa. *South African Journal of Science*, v. 93, n. 8, p. 349-50, ago. 1997. Disponível em: https://hdl.handle.net/10520/AJA00382353_69; Roberts, David L. Last interglacial hominid and associated vertebrate fossil trackways in coastal eolianites, South Africa. *Ichnos*, v. 15, n. 3-4, p. 190-207, dez. 2008. Disponível em: https://doi.org/10.1080/10420940802470482; American Association for the Advancement of Science. Humanity's baby steps. *Science*, v. 282, n. 5.394, p.1635, nov. 1998. Disponível em: https://doi.org/10.1126/science.282.5394.1635a; Wikipedia. Eve's footprint. In: *Wikipedia*, fev. 2025 (última ed.). Disponível em: https://en.wikipedia.org/wiki/Eve%27s_footprint.

6 Infelizmente, o conceito de evolução por seleção natural é muitas vezes mal interpretado, e tem sido assim desde que o naturalista e cientista inglês Charles Darwin (1809-1882) formulou seus preceitos básicos pela primeira vez. A teoria da evolução por seleção natural parte da observação de que todos os organismos são diferentes em uma infinidade de aspectos — altura, peso, longevidade, preferência alimentar, complexidade do sistema nervoso, dentição... A lista é praticamente infinita. Esse conjunto de aspectos é conhecido como "fenótipo". Dentro de uma mesma espécie ou entre espécies diferentes, organismos individuais variam em altura, peso, velocidade de resposta ao aparecimento de alimentos ou de predadores etc. Para que a evolução por seleção natural funcione, essa variação entre organismos deve surgir de diferenças codificadas por seus genes — ou seja, deve existir um mecanismo de hereditariedade. Portanto, o plano básico para o corpo é codificado dentro do genoma de um organismo. As diferenças de fenótipo surgem de variações genéticas entre organismos; variações que acontecem devido a mutações que podem ocorrer durante a transferência de genes de uma geração para a outra. O ambiente, por sua vez, atua como uma espécie de filtro para essas variações: ser um pouco mais alto permite alcançar o alimento que está em árvores; ser um pouco mais baixo facilita

a busca e a caça de alimento que está no solo; ter uma visão noturna um pouco melhor favorece na hora de escapar do predador. Os organismos que manifestam traços que lhes permitem sobreviver podem continuar a se reproduzir; aqueles que não têm esses traços benéficos se perdem na história e no tempo. Portanto, a evolução por seleção natural demanda um tempo muito longo e uma quantidade excessiva de organismos para que funcione (na verdade, a maioria das espécies que já existiram foi extinta). Todos esses fatores somados levam a taxas de sobrevivência — e também de reprodução — diferentes que, durante períodos longos, dão origem aos traços dos indivíduos que constituem uma população genética.

7 Hardin, Jeff et al. *Becker's World of the Cell*. 8. ed. São Francisco: Pearson Benjamin Cummings, 2012.

8 Maniloff, Jack. The minimal cell genome: "On being the right size". *Proceedings of the National Academy of Sciences (PNAS)*, v. 93, n. 19, p. 10004-6, set.1996. Disponível em: https://doi.org/10.1073/pnas.93.19.10004.

9 Woltering, Joost M. et al. Conservation and divergence of regulatory strategies at Hox *loci* and the origin of tetrapod digits. PLOS *Biology*, v. 12, n. 1, e1001773, jan. 2014. Disponível em: https://doi.org/10.1371/journal.pbio.1001773. De uma maneira simples e objetiva, John Long e Yann Gibert comentam a relação entre os genes Hox e o caminhar em: Kelly, Ella (org.). These genes are made for walking – Another step from fins to limbs. *The Conversation*, jan. 2014. Disponível em: https://theconversation.com/these-genes-are-made-for-walking-another-step-from-fins-to-limbs-22126. Observe, porém, que a existência de peixes que caminham pelo fundo do oceano, tal como a raia, enfraquece os argumentos mais categóricos de que um gene repressor inativou a expressão dos membros nesses peixes primitivos (veja a nota seguinte). Outras introduções mais técnicas, que tratam da relação dos genes Hox e a segmentação e formação dos membros, além do papel do Hox na evolução, podem ser pesquisadas nestes artigos: Shubin, Neil; Tabin, Cliff; Carroll, Sean. Fossils, genes and the evolution of animal limbs. *Nature*, v. 388, n. 6.643, p. 639-48, ago. 1997. Disponível em: https://doi.org/10.1038/41710; Burke, Ann C. et al. Hox genes and the evolution of vertebrate axial morphology. *Development*, v. 121, n. 2, p. 333-46, fev. 1995. Disponível em: https://doi.org/10.1242/

dev.121.2.333; PETIT, Florence; SEARS, Karen E.; AHITUV, Nadav. Limb development: a paradigm of gene regulation. *Nature Reviews Genetics*, v. 18, p. 245-58, fev. 2017. Disponível em: https://doi.org/10.1038/nrg.2016.167.

10 BEAT, Lutz et al. Rescue of *Drosophila labial* null mutant by the chicken ortholog Hoxb-1 demonstrates that the function of Hox genes is phylogenetically conserved. *Genes & Development*, v. 10, n. 2, p. 176-84, jan. 1996. Disponível em: http://genesdev.cshlp.org/content/10/2/176.full.pdf.

11 Este artigo excelente da *National Geographic* disponibiliza um vídeo maravilhoso sobre a raia-de-verão: GIBBENS, Sarah. What this walking fish can teach us about evolution. *National Geographic*, fev. 2018. Disponível em: https://www.nationalgeographic.com/animals/article/skate-neural-genetics-walking-human-evolution-spd. Veja também: WALKING fish suggests locomotion control evolved much earlier than thought. *Science Daily*, Rockville, 08 fev. 2018. Releases. Disponível em: https://www.sciencedaily.com/releases/2018/02/180208120912.htm; JUNG, H. et al. The ancient origins of neural substrates for land walking. *Cell*, v. 172, n. 4, p. 667-82, fev. 2018. Disponível em: https://doi.org/10.1016/j.cell.2018.01.013.

12 DAWKINS, Richard. *The Blind Watchmaker*: Why the evidence of Evolution reveals a universe without design. Nova York: W. W. Norton & Company, 1996. [Ed. bras.: *O relojoeiro cego*: a teoria da evolução contra o desígnio divino. Tradução de Laura Teixeira Motta. São Paulo: Companhia das Letras, 2001.]

13 Sobre tetrápodes, veja: INTRODUCTION to the Tetrapoda – The Four-Legged Vertebrates. *University of California Museum of Paleontology*. Disponível em: http://www.ucmp.berkeley.edu/vertebrates/tetrapods/tetraintro.html; TETRAPOD. *Science Direct* (busca por tópicos). Disponível em: https://www.sciencedirect.com/topics/veterinary-science-and-veterinary-medicine/tetrapod.

14 Sobre a descoberta feita pelo estudante de geologia, veja: STÖSSEL, I. The discovery of a new Devonian tetrapod trackway in SW Ireland. *Journal of the Geological Society*, v. 152, n. 2, p. 407-13, mar. 1995. Disponível em: https://www.researchgate.net/publication/249545894_The_discovery_of_a_new_Devonian_tetrapod_trackway_in_SW_Ireland.

15 A fotografia do local onde está o icnofóssil das pegadas de tetrápode está disponível em: http://www.valentiaisland.ie/explore-valentia/tetrapod-trackway/. É um cenário bonito, mas as autoridades locais poderiam promover melhorias em prol dos que caminham por lá. Seria uma vitória coletiva se houvesse trilhas e trajetos com indicações claras, sem necessidade de manutenção constante e com instalações para os caminhantes se abrigarem das mudanças rígidas de clima no local.

16 Sobre os símios, veja: O'Neil, Dennis. Apes. *Anthropology Tutorials*, 1998-2012. Disponível em: https://www2.palomar.edu/anthro/primate/prim_7.htm; Gebo, D. L., Primate locomotion. *Nature Education Knowledge*, v. 4, n. 8, p. 1, 2013. Disponível em: https://www.nature.com/scitable/knowledge/library/primate-locomotion-105284696; Hunt, Kevin D. Cognitive demands of great ape locomotion and posture. *Folia Primatologica*, v. 75, p.123-4, jan. 2004. Disponível em: https://www.researchgate.net/publication/298101071_Cognitive_demands_of_great_ape_locomotion_and_posture; Fleagle, John G.; Lieberman, Daniel E. Major transformations in the evolution of primate locomotion. *Great Transformations in Vertebrate Evolution*, v. 20, p. 257-78, 2015. Disponível em: https://scholar.harvard.edu/files/dlieberman/files/2015f.pdf.

17 Sobre provérbios africanos, veja: Chigozie, Emeka. 100+ African proverbs and meanings you didn't know. *Answers Africa*. Disponível em: https://answersafrica.com/african-proverbs-meanings.html. Contudo, há quem sugira que as origens africanas do provérbio citado não são claras. De todo modo, ele exprime uma verdade fundamental sobre o caminhar coletivo em comparação com seguir sozinho. Veja: Goldberg, Joel. It takes a village to determine the origins of an African proverb. *NPR News*, 30 jul. 2016. Disponível em: https://www.npr.org/sections/goatsand soda/2016/07/30/487925796/it-takes-a-village-to-determine-the-origins-of-an-african-proverb.

18 Lee, Sang-Hee. Where do we come from? *Anthropology News*, v. 59, n. 5, p. e61-8, maio 2019. Disponível em: https://doi.org/10.1111/AN.972.

19 Sankararaman, Siriam et al. The date of interbreeding between neanderthals and modern humans. *PLOS genetics*, v. 8, n. 10, out. 2012. Disponível em: https://doi.org/10.1371/journal.pgen.1002947.

20 Smithsonian Institute. What does it mean to be human? Ardipithecus ramidus. *The Smithsonian's Human Origins Program*, jan. 2024 (última atualização). Disponível em: https://humanorigins.si.edu/evidence/human-fossils/species/ardipithecus-ramidus; White, Tim D. et al. Ardipithecus ramidus and the paleobiology of early hominids. *Science*, v. 326, n. 5.949, p. 64-86, out. 2009. Disponível em: https://www.science.org/doi/10.1126/science.1175802; Kimbel, William H. et al. *Ardipithecus ramidus* and the evolution of the human cranial base. *Proceedings of the National Academy of Sciences*, v. 111, n. 3, p. 948-53, jan. 2014. Disponível em: https://doi.org/10.1073/pnas.1322639111.

21 Para informações mais completas sobre Lucy, veja: Institute of Human Origins, *Lucy's Story*, Tempe: Arizona State University. Disponível em: https://iho.asu.edu/about/lucys-story. A Wikipédia publicou um texto introdutório muito bom sobre Lucy, veja: Wikipedia, Lucy (Australopithecus). In: *Wikipedia*, fev. 2025 (última ed.). Disponível em: https://en.wikipedia.org/wiki/Lucy_(Australopithecus).

22 Gittelman, Rachel M. et al. Comprehensive identification and analysis of human accelerated regulatory DNA. *Genome Research*, v. 25, n. 9, p. 1245-55, jun. 2015. Disponível em: https://doi.org/doi:10.1101/gr.192591.115; Machnicki, Allison L. et al. First steps of bipedality in hominids: evidence from the atelid and proconsulid pelvis, *PeerJ*, v. 4, e1521, jan. 2016. Disponível em: https://doi.org/doi:10.7717/peerj.1521.

23 Bradley, Daniel G. et al. Genetics and domestic cattle origins. *Evolutionary Anthropology*, v. 6, n. 3, p. 79-86, dez. 1998. Disponível em: https://doi.org/10.1002/(SICI)1520-6505(1998)6:3<79::AID-EVAN2>3.0.CO;2-R; Beja-Pereira, Albano et al. Gene-culture coevolution between cattle milk protein genes and human lactase genes. *Nature Genetics*, v. 35, n. 4, p. 311-313, nov. 2003. Disponível em: https://doi.org/10.1038/ng1263.

24 Holowka, Nicholas. B.; Lieberman, Daniel E. Rethinking the evolution of the human foot: insights from experimental research. *Journal of Experimental Biology*, v. 221, n. 17, jeb17442, set. 2018. Disponível em: https://doi.org/10.1242/jeb.174425.

25 Raichlen, David A. et al. Laetoli footprints preserve earliest direct evidence of human-like bipedal biomechanics. *PLOS One*, v. 5, n.

3, e9769, mar. 2010. Disponível em: https://doi.org/10.1371/journal.pone.0009769. Obviamente, é preciso fazer a ressalva de que é totalmente possível que uma variante anterior na linhagem humana tivesse pegadas com formato semelhante ao das modernas. Essas pegadas poderiam ser de um *Australopithecus*, por exemplo.

26 Pontzer, Herman. Economy and endurance in human evolution. *Current Biology*, v. 27, n. 12, R613-21, jun. 2017 Disponível em: https://doi.org/10.1016/j.cub.2017.05.031.

27 Pontzer, Herman et al. Hunter-gatherer energetics and human obesity. *PLOS One*, v. 7, n. 7, e40503, jul. 2012. Disponível em: https://doi.org/10.1371/journal.pone.0040503. Os pesquisadores estudaram um grupo de trinta adultos hadzas, com uma representação aproximadamente igual de homens e mulheres, que foram comparados a um grupo similar de pessoas de peso normal e procedentes de uma economia de mercado desenvolvida.

28 Selinger, Jessica C. et al. Humans can continuously optimize energetic cost during walking. *Current Biology*, v. 25, n. 18, p. 2452-6, set. 2015. Disponível em: https://doi.org/10.1016/j.cub.2015.08.016.

29 Hall, Kevin D. et al. Ultra-processed diets cause excess calorie intake and weight gain: An inpatient randomized controlled trial of *ad libitum* food intake. *Cell Metabolism*, v. 30, n. 1, p. 67-77, jul. 2019. Disponível em: https://doi.org/10.1016/j.cmet.2019.05.008. O estudo compara pessoas em uma dieta de alimentos ultraprocessados com outras em uma dieta de alimentos relativamente não processados. Em apenas catorze dias, as pessoas do primeiro grupo engordaram cerca de um quilo, enquanto as do segundo grupo emagreceram essa mesma quantidade. Sobre o estudo, veja também: O'Connor, Anahad. Why eating processed foods might make you fat. Nova York: *The New York Times*, Section D, p. 4, 28 maio 2019. Disponível em: https://www.nytimes.com/2019/05/16/well/eat/why-eating-processed-foods-might-make-you-fat.html.

30 Lieberman, Daniel E. Is exercise really medicine? An evolutionary perspective. *Current Sports Medicine Reports*, v. 14, n. 4, p. 313-9, jul.–ago. 2015. Disponível em: https://doi.org/10.1249/JSR.0000000000000168. Para uma entrevista interessante com o paleoantropólogo Daniel Lieberman, veja: Powell, Alvin. How fast can we run? *The Harvard Gazette*, 13 abr. 2018.

Disponível em: https://news.harvard.edu/gazette/story/2018/04/harvard-evolutionary-biologist-daniel-lieberman-on-the-past-present-and-future-of-speed/.

31 National Health Services England (nhs). *Understandig Calories*, 17 abr. 2023. Disponível em: https://www.nhs.uk/common-health-questions/food-and-diet/what-should-my-daily-intake-of-calories-be/; U.S. Department of Agriculture Center for Nutrition Policy and Promotion (usda). Estimated calorie needs per day by age, gender, and physical activity level. *usda Food Patterns*. Disponível em: https://www.researchgate.net/profile/Michael-Groll-3/post/What-are-the-basic-calorific-equivalent-a-for-adults-males-and-females-as-well-as-children-for-daily-calorific-intakes/attachment/59d6395879197b80779968fc/AS%3A401423939457025%401472718333179/download/Estimated-CalorieNeedsPerDayTable.pdf.

3. Como caminhar: a mecânica do andar

1 Adolph, Karen E. et al. How do you learn to walk? Thousands of steps and dozens of falls per day. *Psychological Science*, v. 23, n. 11, p. 1387-94, out. 2012. Disponível em: https://doi.org/10.1177/0956797612446346.

2 d'Avella, Andrea; Saltiel, Philippe; Bizzi, Emilio. Combinations of muscle synergies in the construction of a natural motor behavior. *Nature Neuroscience*, v. 6, n. 3, p. 300-8, fev. 2003. Disponível em: https://doi.org/10.1038/nn1010; para um debate mais amplo sobre o recrutamento muscular durante o controle motor, veja: Tresch, Matthew C.; Jarc, Anthony. The case for and against muscle synergies. *Current Opinion in Neurobiology*, v. 19, n. 6, p. 601-7, dez. 2009. Disponível em: https://doi.org/10.1016/j.conb.2009.09.002.

3 La Fougère, Christian et al. Real versus imagined locomotion: A [18F]-fdg pet-fmri comparison. *Neuroimage*, v. 50, n. 4, p. 1589-1598, maio 2010. Disponível em: https://doi.org/10.1016/j.neuroimage.2009.12.060.

4 Berthoz, Alain. *The brain's sense of movement*. Cambridge: Harvard University Press, 2000; Pozzo, Thierry; Berthoz, Alain; Lefort, Loic. Head stabilization during various locomotor tasks in humans –

I. Normal subjects. *Experimental Brain Research*, v. 82, n. 1, p. 97-106, ago. 1990. Disponível em: https://doi.org/10.1007/BF00230842; Pozzo, Thierry; Berthoz, Alain; Lefort, Loic. Head stabilization during various locomotor tasks in humans – II. Patients with bilateral peripheral vestibular deficits. *Experimental Brain Research*, v. 85, n. 1, p. 208-17, maio 1991. Disponível em: https://doi.org/10.1007/BF00230002.

5 Day, Brian L.; Fitzpatrick, Richard C. The vestibular system. *Current Biology*, v. 15, n. 15, p. R583-6, ago. 2005. Disponível em: https://doi.org/10.1016/j.cub.2005.07.053; Khan, Sarah; Chang, Richard. Anatomy of the vestibular system: a review. *NeuroRehabilitation*, v. 32, n. 3, 437-43, maio 2013. Disponível em: https://doi.org/10.3233/NRE-130866.

6 Hobson, J. Allan et al. Sleep and vestibular adaptation: Implications for function in microgravity. *Journal of Vestibular Research*, v. 8, n. 1, p. 81-94, fev. 1998. Disponível em: https://doi.org/10.3233/VES-1998-8112.

7 Sobre como os macacos dormem em árvores, veja: Winson, Adam. Asleep with our Arboreal Ancestors. AWA *Tree Consultants*, maio 2014. Disponível em: https://www.awatrees.com/2014/05/18/asleep-with-our-arboreal-ancestors/; Marshall, Michael. Anthropologist: I slept up a tree to understand chimps. *New Scientist Magazine*, Londres, 5 out. 2011, Life. Disponível em: https://www.newscientist.com/article/mg21128335-200-anthropologist-i-slept-up-a-tree-to-understand-chimps/; Walker, Matt. Apes reveal secrets to good sleep. BBC *Earth*, Londres, 15 abr. 2015. Disponível em: http://www.bbc.com/earth/story/20150415-apes-reveal-sleep-secrets.

8 Murray, Andrew J. et al. Balance control mediated by vestibular circuits directing limb extension or antagonist muscle co-activation. *Cell Reports*, v. 22, n. 5, 1325-38, jan. 2018. Disponível em: https://doi.org/10.1016/j.celrep.2018.01.009.

9 Pandolf, Kent B.; Burr, Robert E. *Medical aspects of harsh environments – Volume* 2. Washington: Office of The Surgeon General at TMM Publications, 2002. Disponível em: https://medcoe.army.mil/borden-tb-med-aspects-harsh-environ-vol2.

10 Cha, Yoon-Hee. Mal de débarquement. *Seminars in Neurology*, v. 29, n. 5, p. 520-7, out. 2009. Disponível em: https://doi.org/10.1055/s-0029-1241038.

11 Salinas, Mandy M.; Wilken, Jason M.; Dingwell, Jonathan B. How humans use visual optic flow to regulate stepping during walking. *Gait & Posture*, v. 57, p. 15-20, set. 2017. Disponível em: https://doi.org/10.1016/j.gaitpost.2017.05.002.

12 Kuo, Arthur D. The six determinants of gait and the inverted pendulum analogy: A dynamic walking perspective. *Human Movement Science*, v. 26, n. 4, p. 617-56, ago. 2007. Disponível em: https://doi.org/10.1016/j.humov.2007.04.003.

13 Dimitrijevic, Milan E.; Gerasimenko, Yury. P.; Pinter, Michaela. Evidence for a spinal central pattern generator in humans. *Annals of the New York Academy of Sciences*, v. 860, n. 1, p. 360-76, dez. 1998. Disponível em: https://doi.org/10.1111/j.1749-6632.1998.tb09062.x; Duysens, Jacques; Van de Crommert, Henry W. A. A. Neural control of locomotion. Part 1: The central pattern generator from cats to humans. *Gait & Posture*, v. 7, n. 2, p. 131-41, mar. 1998. Disponível em: https://doi.org/10.1016/S0966-6362(97)00042-8; Calancie, Blair et al. Involuntary stepping after chronic spinal cord injury: Evidence for a central rhythm generator for locomotion in man. *Brain*, v. 117, n. 5, p. 1143-59, out. 1994. Disponível em: https://doi.org/10.1093/brain/117.5.1143.

14 O termo “cinestesia” também é usado às vezes em um sentido mais amplo para se referir aos sinais específicos que surgem dos músculos e do movimento.

15 Shirai, Nabu; Imura, Tomoko. Looking away before moving forward: Changes in optic-flow perception precede locomotor development. *Psychological Science*, v. 25, n. 2, p. 485-93, dez. 2013. Disponível em: https://doi.org/10.1177/0956797613510723.

16 Garrett, M.; McElroy A. M.; Staines, A. Locomotor milestones and baby walkers: Cross sectional study. *BMJ*, v. 324, n. 7352, p. 1494, jun. 2002. Disponível em: https://doi.org/10.1136/bmj.324.7352.1494.

4. Como caminhar: Para onde ir?

1 Mittelstaedt, M. L.; Mittelstaedt, H. Homing by path integration in a mammal. *Naturwissenschaften*, v. 67, n. 11, p. 566-7, nov. 1980. Disponível em: https://doi.org/10.1007/BF00450672; Etienne, Ariane S.; Jeffery, Kathryn J. Path integration in mammals. *Hippo-*

campus, v. 14, n. 2, p. 180-92, jan. 2004. Disponível em: https://doi.org/10.1002/hipo.10173.

2 Loomis, Jack M. et al. Nonvisual navigation by blind and sighted: Assessment of path integration ability. *Journal of Experimental Psychology: General*, v. 122, n. 1, p. 73-91; mar. 1993. Disponível em: https://doi.org/10.1037/0096-3445.122.1.73. Observe que seria fácil manipular os dados em um experimento desse tipo para obter o resultado desejado. Loomis e seus colaboradores tiveram um cuidado excepcional ao controlar os parâmetros demográficos dos grupos de participantes. Todos tinham aproximadamente a mesma idade, estavam empregados ou eram estudantes universitários, e todos eram fisicamente aptos para caminhar, o que permitiu eliminar possíveis tendências e distorções que, de outra forma, iriam confundir os experimentos.

3 Ritchie, Benbow F. *Edward Chace Tolman 1886–1959: A biographical memoir*. Washington: National Academy of Sciences, 1964. Disponível em: https://www.nasonline.org/wp-content/uploads/2024/06/tolman-edward.pdf; Tolman, Edward C. Cognitive maps in rats and men. *Psychological Review*, v. 55, n. 4, p. 189-208, 1948. Disponível em: https://doi.org/10.1037/h0061626.

4 Hollan, Peter C. Cognitive versus stimulus-response theories of learning. *Learning & Behavior*, v. 36, n. 3, p. 227-41, ago. 2008. Disponível em: https://doi.org/10.3758/LB.36.3.227. É claro que eu simplifiquei um pouco as sutilezas teóricas usadas por certos behavioristas (como Clark Hull) em minha descrição, mas ela é suficiente para fornecer uma ideia geral. Para uma discussão breve sobre a "teoria da redução dos impulsos", de Hull, no contexto das ideias modernas sobre motivação, veja: Callaghan, Charlotte K., Rouine, J.; O'Mara, Shane M. Potential roles for opioid receptors in motivation and major depressive disorder. *Progress in Brain Research*, v. 239, p. 89-119, 2018. Disponível em: https://doi.org/10.1016/bs.pbr.2018.07.009. O trabalho de Hull — que tem sido de certa forma ignorado — tem mais a oferecer às teorias modernas sobre motivação.

5 Koffka, Kurt. *Principles of gestalt psychology*. Abingdon: Routledge, 25 set. 2013. O artigo sobre a psicologia da Gestalt na Wikipédia é abrangente e serve como um bom ponto de partida. Veja: Wikipedia, *Gestalt psychology*. In: Wikipedia, fev. 2025 (última ed.). Disponível

em: https://en.wikipedia.org/wiki/Gestalt_psychology. Segundo Fritjof Capra, no livro *O ponto da mutação*: "Esse princípio sustenta que, quando a mente humana (sistema perceptivo) forma uma percepção ou *gestalt*, o todo tem uma realidade própria, independente das partes. A famosa frase do psicólogo da Gestalt, Kurt Koffka, 'o todo é *algo* a mais do que a soma de suas partes', muitas vezes é incorretamente traduzida como 'o todo é *maior* do que a soma de suas partes' e, portanto, é usada de forma errada para explicar a teoria da Gestalt e ainda mais quando é aplicada à teoria dos sistemas. Koffka não gostava dessa tradução. Ele era firme na correção dos alunos que trocavam '*algo*' por '*maior*'. 'Isso não é um princípio de adição', dizia ele. O todo tem uma existência independente."

6 Souman, Jan L. et al. Walking straight into circles. *Current Biology*, v. 19, n. 18, p. 1538-42, set. 2009. Disponível em: https://doi.org/0.1016/j.cub.2009.07.053.

7 Brunec, Iva K. et al. Contracted time and expanded space: The impact of circumnavigation on judgements of space and time. *Cognition*, v. 166, p. 425-32, set. 2017. Disponível em: https://doi.org/10.1016/j.cognition.2017.06.004. Além do estudo, o artigo também traz o que talvez seja uma das melhores frases que já li em uma publicação científica: "Após cada entrega, eles [os participantes do experimento] eram teletransportados ao ponto de partida e recebiam um novo objetivo". De fato, uma conquista tecnológica notável, que só havia sido vista até então em *Star Trek: Jornada nas Estrelas*!

8 Corkin, Suzanne. *Presente permanente*. Rio de Janeiro: Record, 2018.

9 O'Keefe, John; Burgess, Neil. Theta activity, virtual navigation and the human hippocampus. *Trends in Cognitive Sciences*, v. 3, n. 11, p. 403-6, nov. 1999. Disponível em: https://doi.org/10.1016/S1364-6613(99)01396-0.

10 Aghajan, Zahra M. et al. Theta oscillations in the human medial temporal lobe during real-world ambulatory movement. *Current Biology*, v. 27, n. 24, p. 3743-3751, dez. 2017. Disponível em: https://doi.org/10.1016/j.cub.2017.10.062.

11 O'Keefe, John; Dostrovsky, J. The hippocampus as a spatial map. Preliminary evidence from unit activity in the freely-moving rat.

Brain Research, v. 34, n. 1, p. 171-175, nov. 1971. Disponível em: https://doi.org/10.1016/0006-8993(71)90358-1; O'Keefe, John; Nadel, Lynn. *The hippocampus as a cognitive map*. Oxford: Clarendon Press, 1978.

12 Ekstrom, Anne D. et al. Cellular networks underlying human spatial navigation. *Nature*, v. 425, p. 184-8, set. 2003. Disponível em: https://doi.org/10.1038/nature01964.

13 Maguire, Eleanor A.; Frackowiak, Richard S. J.; Frith, Christopher D.Recalling routes around London: activation of the right hippocampus in taxi drivers. *Journal of Neuroscience*, v. 17, n. 18, p. 7103-10, set. 1997. Disponível em: https://doi.org/10.1523/JNEUROSCI.17-18-07103.1997; Maguire, Eleanor A. et al. Knowing where things are: Parahippocampal involvement in encoding object locations in virtual large-scale space. *Journal of Cognitive Neuroscience*, v. 10, n. 1, p. 61-76, jan. 1998. Disponível em: https://doi.org/10.1162/089892998563789.

14 Ranck Jr, James B. Studies on single neurons in dorsal hippocampal formation and septum in unrestrained rats: Part I. Behavioral correlates and firing repertoires. *Experimental Neurology*, v. 41, n. 2, p. 461-531, nov. 1973. Disponível em: https://doi.org/10.1016/0014-4886(73)90290-2.

15 Taube, Jeffrey S.; Muller, Robert U.; Ranck Jr, James B. Head-direction cells recorded from the postsubiculum in freely moving rats. I. Description and quantitative analysis. *Journal of Neuroscience*, v. 10, n. 2, p. 420-35, fev. 1990. Disponível em: http://www.jneurosci.org/content/jneuro/10/2/420.full.pdf.

16 Sobre a premiação do Nobel na categoria Fisiologia ou Medicina de 2014, que foi dividida entre John O'Keefe e May-Britt Moser e Edvard I. Moser, veja: https://www.nobelprize.org/prizes/medicine/2014/press-release/.

17 Grieves, Roddy M.; Jeffery, Kate J. The representation of space in the brain. *Behavioural Processes*, n. 135, p. 113-31, fev. 2017. Disponível em: https://doi.org/10.1016/j.beproc.2016.12.012.

18 O'Mara, Shane M. et al. The anterior thalamus provides a subcortical circuit supporting memory and spatial navigation. *Frontiers in Systems Neuroscience*, v. 7, n. 45, p. 61-72, ago. 2013. Disponível em: https://doi.org/10.3389/fnsys.2013.00045; Jankowski, Maciej M. et

al. Evidence for spatially-responsive neurons in the rostral thalamus. *Frontiers in Behavioral Neuroscience*, v. 9, n. 256, p. 1-18, out. 2015. Disponível em: https://doi.org/10.3389/fnbeh.2015.00256; Jankowski, Maciej M.; O'Mara, Shane M. Dynamics of place, boundary and object encoding in rat anterior claustrum. *Frontiers in Behavioral Neuroscience*, v. 9, n. 250, p. 1-19, out. 2015. Disponível em: https://doi.org/10.3389/fnbeh.2015.00250; Tsanov, Marian; O'Mara, Shane M. Decoding signal processing in thalamo-hippocampal circuitry: implications for theories of memory and spatial processing. *Brain Research*, v. 1.621, p. 368-79, set. 2015. Disponível em: https://doi.org/10.1016/j.brainres.2014.12.003.

5. A cidade aos nosso pés

1 Bramley, Ellie Violet. Desire paths: The illicit trails that defy the urban planners. *The Guardian*, Londres, 5 out. 2018. Disponível em: https://www.theguardian.com/cities/2018/oct/05/desire-paths-the--illicit-trails-that-defy-the-urban-planners?CMP=share_btn_tw; o artigo é excelente e faz parte da ótima série jornalística *Walking the city*, com matérias sobre o caminhar pela cidade. Para ler todos os artigos da série, acesse: https://www.theguardian.com/cities/series/walking-the-city; sobre as linhas de desejo, veja: Furman, A. Desire Lines: Determining pathways through the city. *The Sustainable City VII, Vol. 1*. WIT Transactions on Ecology and The Environment, v 155, p. 23-33, 2012. Disponível em: https://doi.org/10.2495/SC120031; a propósito de Robert Macfarlane, veja: https://twitter.com/RobGMacfarlane/status/977787226133278725.

2 Sobre o ex-primeiro-ministro inglês, Winston Churchill, e o debate sobre a reconstrução da Câmara dos Comuns após o bombardeio alemão sofrido em outubro de 1943, veja: https://www.parliament.uk/about/living-heritage/building/palace/architecture/palacestructure/churchill/

3 Sobre o índice de caminhabilidade, veja: https://catalog.data.gov/dataset/walkability-index8 e https://atl.sites.olt.ubc.ca/research/walkability-index/.

4 Welch, Ted. Eco of Bologna – Fellini's Rimini – and Ferrara. *European Tribune*, 30 mar. 2008. Disponível em: https://www.eurotrib.com/story/2008/3/30/16150/7191; veja tam-

bém: Saitta, D. Umberto Eco, Planning Education, and Urban Space. *Planetizen*, 2016. Disponível em: https://www.planetizen.com/node/84742/umberto-eco-planning-education-and-urban-space.

5 Althoff, Tim et al. Large-scale physical activity data reveal worldwide activity inequality. *Nature*, v. 547, n. 7.663, p. 336-9, jul. 2017. Disponível em: https://doi.org/10.1038/nature23018; sobre o mesmo estudo, veja também: http://activityinequality.stanford.edu/.

6 Speck, Jeff. *Cidade caminhável*. São Paulo: Perspectiva, 2016.

7 Fuller, Richard A.; Gaston, Kevin J. The scaling of green space coverage in European cities. *Biology Letters*, v. 5, n. 3, p. 352-5, fev. 2009. Disponível em: https://doi.org/10.1098/rsbl.2009.0010.

8 Carrieri, Maria Patrizia; Serraino, Diego. Longevity of popes and artists between the 13th and the 19th century. *International Journal of Epidemology*, v. 34, n. 6, p. 1435-6, dez. 2005. Disponível em: https://doi.org/10.1093/ije/dyi211.

9 Asher, Laura et al. Most older pedestrians are unable to cross the road in time: a cross-sectional study. *Age and Ageing*, v. 41, n. 5, p. 690-4, set. 2012. Disponível em: https://doi.org/10.1093/ageing/afs076.

10 Sander, Miriam et al. The challenges of human population ageing. *Age and Ageing*, v. 44, n. 2, p. 185-7, mar. 2015. Disponível em: https://doi.org/10.1093/ageing/afu189.

11 Gay, John Gay. *Trivia, or The art of walking the streets of London* (1716). São Francisco: PoemHunter.com, 2012, Classic Poetry Series. Disponível em: https://www.poemhunter.com/i/ebooks/pdf/john_gay_2012_7.pdf.

12 Rise and fall of the boot-scraper. *The Independent*, Londres, 21 ago. 2011. House & Home. Disponível em: https://www.independent.co.uk/property/house-and-home/rise-and-fall-of-the-boot-scraper-2341628.html.

13 Hack, G. Business performance in walkable shopping áreas. *Active Living Research*, a National Program of the Robert Wood Johnson Foundation, Princeton, p. 1-43, nov. 2013. Disponível em: https://activelivingresearch.org/sites/default/files/BusinessPerformance-WalkableShoppingAreas_Nov2013.pdf; Weller, Chris. Millennials

are forcing America's largest corporations to kill traditional suburban office parks. *Business Insider*, Nova York, 06 mar. 2017. Disponível em: https://www.businessinsider.com/millennials-forcing-end-suburban-office-parks-2017-2; GENSLER Research Institute. *Global Workplace Survey Comparison*, 2015. Disponível em: https://www.gensler.com/design-forecast-2015-the-future-of-workplace; EGAN, John. Do office tenants prefer the city or the suburbs? The answer is complicated. *WealthManagement.com*, 16 ago. 2017. Disponível em: https://www.nreionline.com/office/do-office-tenants-prefer-city-or-suburbs-answer-complicated; http://www.place-makers.com/2017/11/16/places-that-pay-benefits-of-placemaking-v2/; SHRIKANT, Aditi. Why walkable cities are good for the economy, according to a city planner. *Vox*, 26 out. 2018. Disponível em: https://www.vox.com/the-goods/2018/10/26/18025000/walkable-city-walk-score-economy.

14 LITMAN, Todd. The mobility-productivity paradox exploring the negative relationships between mobility and economic productivity. *Victoria Transport Policy Institute*, p. 1-18, 04 dez. 2014. Disponível em: http://www.vtpi.org/ITED_paradox.pdf.

15 BORNSTEIN, Marc H.; BORNSTEIN, Helen G. The pace of life. *Nature*, v. 259, n. 5.544, p. 557-9, 19 fev. 1976. Disponível em: https://doi.org/10.1038/259557a0.

16 WALMSLEY, D. Jim; LEWIS, Gareth J. The pace of pedestrian flows in cities. *Environment and Behavior*, v. 21, n. 2, p. 123-50, mar. 1989. Disponível em: https://doi.org/10.1177/0013916589212001.

17 WIRTZ, Peter; RIES, Gregor. The pace of life-reanalysed: Why does walking speed of pedestrians correlate with city size? *Behaviour*, v. 123, n. 1-2, p. 77-83, nov. 1992. Disponível em: https://www.jstor.org/stable/4535062.

18 LEVINE, Robert V.; NORENZAYAN, Ara. The pace of life in 31 countries. *Journal of Cross-cultural Psychology*, v. 30, n. 2, p. 178-205, mar. 1999. Disponível em: http://journals.sagepub.com/doi/pdf/10.1177/0022022199030002003.

19 SHADMEHR, Reza; HUANG, Helen J.; AHMED, Alaa A. A representation of effort in decision-making and motor control. *Current Biology*, v. 26, n. 14, p. 1929-34, jul. 2016. Disponível em: https://doi.org/10.1016/j.cub.2016.05.065.

20 ames, Leon. Managing walking rage: Self-assessment and self--change techniques. *Journal of Psychological Clinical Psychiatry*, v. 2, n. 1, p. 57. Jan. 2015. Disponível em: https://doi.org/10.15406/jpcpy.2015.02.00057.

21 Ibid. Disponível em: https://www.researchgate.net/profile/Leon_James/publication/270823144_Managing_Walking_Rage_Self-Assessment_and_Self-Change_Techniques/links/56baa95408ae6a0040ae01b9/Managing-Walking-Rage-Self-Assessment-and-Self-Change-Techniques.pdf.

22 Pelphrey, Kevin A.; Viola, Ronald J.; McCarthy, Gregory. When strangers pass: processing of mutual and averted social gaze in the superior temporal sulcus. *Psychological Science*, v. 15, n. 9, p. 598-603, set. 2004. Disponível em: https://doi.org/10.1111/j.0956-7976.2004.00726.x.

23 Amaral, D. G.; Insausti, R.; Cowan, W. M. Evidence for a direct projection from the superior temporal gyrus to the entorhinal cortex in the monkey. *Brain research*, v. 275, n. 2, p. 263-77, set. 1983. Disponível em: https://doi.org/10.1016/0006-8993(83)90987-3.

24 Alexander, Georgia M. et al. Social and novel contexts modify hippocampal CA2 representations of space. *Nature Communications*, v. 7, n. 10.300, jan. 2016. Disponível em: https://doi.org/10.1038/ncomms10300.

25 Milgram, S.; Bickman, L.; Berkowitz, L. Note on the drawing power of crowds of different size. *Journal of Personality and Social Psychology*, v. 13, n. 2, p. 79-82, 1969. Disponível em: https://doi.org/10.1037/h0028070.

26 Gallup, Andrew C. et al. Visual attention and the acquisition of information in human crowds. *Proceedings of the National Academy of Sciences*, v. 109, n. 19, p. 7245-50, maio 2012. Disponível: https://doi.org/10.1073/pnas.1116141109.

6. Um bálsamo para o corpo e o cérebro

1 Klepeis, Neil E. et al. "The National Human Activity Pattern Survey (NHAPS): a resource for assessing exposure to environmental pollutants". *Journal of Exposure Science and Environmental Epide-*

miology, v. 11, n. 3, p. 231-52, jul. 2001. Disponível em: https://doi.org/10.1038/sj.jea.7500165.

2 PHYSICAL Activity Guidelines Advisory Committee. *Scientific Report 2018*. Disponível em: https://health.gov/paguidelines/second-edition/report/. O relatório resume as evidências científicas sobre atividade física e saúde; seus dados foram usados pelo governo dos Estados Unidos para desenvolver a segunda edição das *Diretrizes de atividade física para americanos*. Sobre o tema, veja também: BISWAS, Aviroop et al. Sedentary time and its association with risk for disease incidence, mortality, and hospitalization in adults: a systematic review and meta-analysis. *Annals of Internal Medicine*, v. 162, n. 2, p. 123-32, jan. 2015. https://doi.org/10.7326/m14-1651.

3 STEPHAN, Yannick et al. Physical activity and personality development over twenty years: Evidence from three longitudinal samples. *Journal of Research in Personality*, v. 73, p. 173-9, fev. 2018. Disponível em: https://doi.org/10.1016/j.jrp.2018.02.005. Essas descobertas têm um caráter essencialmente epidemiológico — ou seja, não houve manipulações experimentais, mas tentam controlar os problemas inerentes a esse tipo de estudo; no entanto, outros estudos tendem a chegar a conclusões semelhantes — ser sedentário causa um efeito negativo nos cinco fatores de personalidade (veja: https://scholar.google.com/scholar?cites=5366658728132198651&as_sdt=2005&sciodt=0,5&hl=en).

4 GOLDBERG, L. R. An alternative 'description of personality': The Big-Five factor structure. *Journal of Personality and Social Psychology*, v. 59, n. 6, p. 1216-29, 1990. Disponível em: https://doi.org/10.1037/0022-3514.59.6.1216.

5 RODRIGUES, Ana D. Beyond contemplation, the real functions held at the cloisters. *Cloister Gardens, Courtyards and Monastic Enclosures*, p. 13-36, 2015. Disponível em: https://dialnet.unirioja.es/servlet/articulo?codigo=5375780.

6 BOCCACCIO, Giovanni. *The Decameron*. Tradução de Guido Waldman, introdução e notas de Jonathan Usher. Oxford University Press, xxix, 698. [Ed. bras.: *O Decamerão: volumes I e II*. Tradução de Raul de Polillo; introdução de Edoardo Bizarri. 3. ed. Rio de Janeiro: Nova Fronteira, 2018. Trecho traduzido em "Volume I: Neifile – Terceira Jornada". p. 316.]

7 Nisbet, Elizabeth K.; Zelenski, John M. Underestimating nearby nature: Affective forecasting errors obscure the happy path to sustainability. *Psychological Science*, v. 22, n. 9, p. 1101-6, ago. 2011. Disponível em: https://doi.org/10.1177/0956797611418527.

8 Wilson, T. D.; Gilbert, D. T. Affective forecasting. *Advances in Experimental Social Psychology*, v. 35, p. 345-411, dez. 2003. Disponível em: https://doi.org/10.1016/S0065-2601(03)01006-2.

9 Para uma matéria com informação e fotos maravilhosas sobre a tradição do "banho de floresta" (*shinrin-yoku*), veja: Ginarte, José; Mizutani, Yoshinori. A japanese photographer captures the mysterious power of forest bathing. *The New Yorker*, Nova York, 25 jan. 2018, Photo Booth. Disponível em: https://www.newyorker.com/culture/photo-booth/japanese-photographer-captures-the-mysterious-power-of-forest-bathing; para dicas turísticas de como aproveitar a tradição, veja: Jones, Christy Anne. Shinrin-Yoku: The japanese art of forest bathing – Our top 5 Tokyo area forests to discover the healing power of nature. *Savvy Tokyo*, Tóquio, 9 jul. 2020, Health & Beauty, Lifestyle. Disponível em: https://savvytokyo.com/shinrin-yoku-the-japanese-art-of-forest-bathing/. Ainda é cedo para afirmar quais são os benefícios reais do banho de floresta para a saúde, pois não foram realizados estudos controlados e de dose-resposta adequados; veja, por exemplo: Oh, Byeongsang et al. Health and well-being benefits of spending time in forests: systematic review. *Environmental Health and Preventive Medicine*, v. 22, n. 1, a. 71, out. 2017. Disponível em: https://doi.org/10.1186/s12199-017-0677-9; e, principalmente: Shanahan, Danielle et al. The health benefits of urban nature: how much do we need? *BioScience*, v. 65, n. 5, p. 476-85, maio 2015. Disponível em: https://doi.org/10.1093/biosci/biv032.

10 Lovelock, James. *As eras de Gaia*: a biografia da nossa Terra viva. Tradução de Beatriz Sidou. Rio de Janeiro: Campus Elsevier, 1991.

11 Thompson, Catharine W. et al. More green space is linked to less stress in deprived communities: Evidence from salivary cortisol patterns. *Landscape and Urban Planning*, v. 105, n. 3, p. 221-9, abr. 2012. Disponível em: https://doi.org/10.1016/j.landurbplan.2011.12.015. Esse estudo apresenta algumas limitações, tais como: utiliza um método correlacional em vez de causal e é um estudo exploratório pequeno; a dimensão da amostra era reduzida; foi realizado em janeiro, em pleno inverno, quando há menos horas

de luz natural na Escócia e a vegetação não está em floração plena; não apresenta grupos de controle formados por indivíduos de status socioeconômico mais alto ou ricos; também não foram feitas comparações com outras cidades.

12 Ibid.

13 Algo mais pode estar acontecendo, é claro, mas, para compreender as relações, é necessário efetuar estudos em grande escala, do tamanho e tipo necessários a uma empresa farmacêutica que estivesse tentando introduzir um novo medicamento no mercado.

14 Kaplan, Stephen. The restorative benefits of nature: Toward an integrative framework. *Journal of Environmental Psychology*, v. 15, n. 3, p. 169-82, set. 1995. Disponível em: https://doi.org/10.1016/0272-4944(95)90001-2; Kaplan, Rachel; Kaplan, Stephen. *The experience of nature*: A psychological perspective. Nova York: Cambridge University Press, 1989.

15 White, Mathew P. et al. Feelings of restoration from recent nature visits. *Journal of Environmental Psychology*, v. 35, p. 40-51, set. 2013. Disponível em: https://doi.org/10.1016/j.jenvp.2013.04.002.

16 Sobre depressão, veja o site do National Institute of Mental Health, do governo norte-americano: https://www.nimh.nih.gov/health/topics/depression/index.shtml.

17 Kessler, Ronald C.; Bromet, Evelyn J. The epidemiology of depression across cultures. *Annual Review of Public Health*, v. 34, p. 119-38, mar. 2013. Disponível: https://doi.org/10.1146/annurev-publhealth-031912-114409.

18 Cooney, Gary M. et al. Exercise for depression. *Cochrane Database of Systematic Reviews 2013*, v. 9, artigo CD004366, set. 2013. Disponível em: https://doi.org/10.1002/14651858.CD004366.pub6.

19 Harvey, Samuel B. et al. Exercise and the prevention of depression: results of the HUNT Cohort Study. *American Journal of Psychiatry*, v. 175, n. 1, p. 28-36, out. 2017. Disponível em: https://doi.org/10.1176/appi.ajp.2017.16111223.

20 Simon, Gregory. Should psychiatrists write the exercise prescription for depression? *American Journal of Psychiatry*, v. 175, n. 1, p. 2-3, jan. 2018. Disponível em: https://doi.org/10.1176/appi.ajp.2017.17090990.

21 Portanto, há muitas ressalvas à literatura disponível, pois ela é em grande parte baseada na observação e na correlação. Obviamente, outro enfoque é adotar uma abordagem experimental direta. Nesse caso, a metodologia consiste em usar modelos experimentais de depressão em animais e, em seguida, quantificar a dose de exercício e o intervalo de tempo em que ela será administrada, em relação ao tratamento que faz as cobaias produzirem uma sintomatologia semelhante à depressão. Aqui, como veremos, a literatura que trata de experimentos em animais oferece um resultado muito mais claro, pois parece muito provável que caminhar muito (ou fazer exercícios aeróbicos em geral) atue tanto como uma vacina contra comportamentos semelhantes à depressão quanto como um tratamento que reduz a sua gravidade, pelo menos de forma comparável aos melhores antidepressivos farmacológicos disponíveis no mercado.

22 Em termos relativos, há poucos estudos que tratam da sensação de prazer e do sentimento de recompensa experimentados após a realização de um treino físico intenso. Aqui está um exemplo: Frazão, Danniel T. et al. Feeling of pleasure to high-intensity interval exercise is dependent on the number of work bouts and physical activity status. *PLOS One*, v. 11, n. 3, e0152752, mar. 2016. Disponível em: https://doi.org/10.1371/journal.pone.0153986; veja também este artigo, no qual se sugere que, no decorrer do exercício, o prazer (e a experiência contrária de disforia) muda de uma fonte cognitiva para uma interoceptiva: Ekkekakis, P. Pleasure and displeasure from the body: Perspectives from exercise. *Cognition and Emotion*, v. 17, n. 2, p. 213-39, mar. 2003. Disponível em: https://doi.org/10.1080/02699930302292.

23 Para a íntegra do discurso de Bertrand Russell na cerimônia de premiação do Nobel de Literatura, veja: https://www.nobelprize.org/prizes/literature/1950/russell/lecture/.

24 A literatura é tão extensa que apenas alguns dos resultados mais interessantes e importantes da amostra serão descritos e discutidos aqui. Para uma amostragem, acesse: https://scholar.google.com/scholar?hl=en&as_sdt=0%2C5&q=learning+memory+aerobic+exercise&oq=learning+memory+aerobic+exer#d=gs_hdr_drw&p=&u=.

25 Hebb, Donald Olding. *The organization of behaviour*: A neuropsychological Theory. Nova York: John Wiley & Sons Inc., 1949.

26 Thoenen, Hans. Neurotrophins and neuronal plasticity. *Science*, v. 270, n.., p. 593-598, out. 1995. Disponível em: https://doi.org/10.1126/science.270.5236.593; Leal, Graciano; Comprido, Diogo; Duarte, Carlos B. BDNF-induced local protein synthesis and synaptic plasticity. *Neuropharmacology*, v. 76, p. 639-656, jan. 2014. Disponível em: https://doi.org/10.1016/j.neuropharm.2013.04.005; de Melo Coelho, Flávia Gomes et al. Physical exercise modulates peripheral levels of brain-derived neurotrophic factor (bdnf): a systematic review of experimental studies in the elderly. *Archives of Gerontology and Geriatrics*, v. 56, n. 1, p. 10-5, jan.-fev. 2013. Disponível em: https://doi.org/10.1016/j.archger.2012.06.003.

27 Replicado com frequência, esse resultado foi originalmente obtido pelo grupo de pesquisa de Carl Cotman (https://www.faculty.uci.edu/profile.cfm?faculty_id=2273). Para outros exemplos, veja também: Neeper, s. a. et al. Exercise and brain neurotrophins. *Nature*, v. 373, p. 109, jan. 1995. Disponível em: https://doi.org/10.1038/373109a0; Oliff, Heather S. et al. Exercise-induced regulation of brain-derived neurotrophic factor (bdnf) transcripts in the rat hippocampus. *Molecular Brain Research*, v. 61, n. 1-2, p. 147-53, out. 1998. Disponível em: https://doi.org/10.1016/S0169-328X(98)00222 8; Adlard, Paul A.; Perreau, Victoria M.; Cotman, Carl W. The exercise-induced expression of bdnf within the hippocampus varies across life-span. *Neurobiology of Aging*, v. 26, n. 4, p. 511-20, abr. 2005. Disponível em: https://doi.org/10.1016/j.neurobiolaging.2004.05.006; Cotman, Carl W.; Berchtold, Nicole C.; Christie, Lori-Ann. Exercise builds brain health: Key roles of growth factor cascades and inflammation. *Trends in Neurosciences*, v. 30, n. 9, p. 464-72, set. 2007. Disponível em: https://doi.org/10.1016/j.tins.2007.06.011. O meu grupo de pesquisa é um dos muitos que replicaram esse resultado e, além disso, demonstramos que o aumento de bdnf induzido por exercício anula efetivamente a ação de moléculas menores que, de outra forma, se associam a um efeito pró-inflamatório no cérebro; veja, por exemplo: Shaw, Kendra N.; Commins, Sean; O'Mara, Shane M. Deficits in spatial learning and synaptic plasticity induced by the rapid and competitive broad-spectrum cyclooxygenase inhibitor ibuprofen are reversed by increasing endogenous brain-derived neurotrophic factor. *European Journal of Neuroscience*, v. 17, n. 11, p. 2.438-2.446, jun. 2003. Disponível em: https://doi.org/10.1046/j.1460-9568.2003.02643.x; Callaghan,

Charlotte K.; Rouine, Jennifer; O'Mara, Shane M. Exercise prevents IFN-α-induced mood and cognitive dysfunction and increases BDNF expression in the rat. *Physiology & Behavior*, v. 179, p. 377-383, out. 2017. Disponível em: https://doi.org/10.1016/j.physbeh.2017.07.018.

28 Aggleton, John P. et al. Hippocampal-anterior thalamic pathways for memory: Uncovering a network of direct and indirect actions. *European Journal of Neuroscience*, v. 31, n. 12, p. 2.292-2.307, jun. 2010. Disponível em: https://doi.org/10.1111/j.1460-9568.2010.07251.x.

29 Para um resumo muito bom sobre as descobertas relacionadas aos riscos de correr em comparação com os de caminhar, veja: Belluz, Julia. Should you walk or run for exercise? Here's what the science says. *Vox*, 25 nov. 2017. Disponível em: https://www.vox.com/2015/8/4/9091093/walking-versus-running; veja também: Pons-Villanueva, Juan; Seguí-Gómez, María; Martínez-González, Miguel A. Risk of injury according to participation in specific physical activities: A 6-year follow-up of 14356 participants of the SUN cohort. *International Journal of Epidemiology*, v. 39, n. 2, p. 580-87, abr. 2010. Disponível em: https://doi.org/10.1093/ije/dyp319.

30 Suter, Esther; Marti, Bernard; Gutzwiller, Felix. Jogging or walking – Comparison of health effects. *Annals of Epidemiology*, v. 4, n. 5, p. 375-81, set. 1994. Disponível em: https://www.sciencedirect.com/science/article/pii/1047279794900728.

31 Davitt, Patrick M. et al. Moderate-vigorous Intensity run vs. walk on hemodynamics, metabolism and perception of effort: 1942 Board# 203 May 31 3. *Medicine & Science in Sports & Exercise*, v. 50, n. 5S, p. 468-9, maio 2018. Disponível em: http://dx.doi.org/10.1249/01.mss.0000536621.18283.e1.

32 Rich, Benjamin et al. Skeletal myofiber vascular endothelial growth factor is required for the exercise training-induced increase in dentate gyrus neuronal precursor cells. *Journal of Physiology*, v. 595, n. 17, p. 5931-943, set. 2017. Disponível em: http://doi.org/10.1113/JP273994.

33 Demangel, Rémi et al. Early structural and functional signature of 3-day human skeletal muscle disuse using the dry immersion model. *Journal of Physiology*, v. 595, n. 13, p. 4301-15, jul. 2017. Disponível em: http://doi.org/10.1113/JP273895. Nesse estudo, os

pesquisadores reuniram um grupo de doze participantes do gênero masculino (com idade média de 32 anos) e, em seguida, mediram a força e a função muscular e fizeram imagens de ressonância magnética dos músculos da coxa.

7. A caminhada criativa

1 Em inglês, a máxima é "Only thoughts reached by walking have any value". (veja "Maxims and arrows #34", em https://www.handprint.com/SC/NIE/GotDamer.html). Já outros (por exemplo, https://www.goodreads.com/quotes/42472-all-truly-great-thoughts-are-conceived-while-walking) traduziram essa citação como: "All truly great thoughts are conceived while walking" [Todos os pensamentos realmente importantes são concebidos durante o caminhar].

2 Thoreau, Henry David. *The Portable Thoreau*. Introdução e edição de Jeffrey S. Cramer. Nova York: Penguin Random House, 2012. Veja também: Perry, Greg. A thousand rills... Thoreau's journal: 19-Aug-1851. *The Blog of Henry David Thoreau*, 19 ago 2014. Disponível em: http://blogthoreau.blogspot.com/2014/08/a-thousand-rills-thoreaus-journal-19.html.

3 Corn, Alfred. The Wordsworth retrospective. *The Hudson Review*, v. 52, n. 3, p. 359-78, outono de 1999. Disponível em: https://doi.org/10.2307/3853432.

4 O'Mara, Shane. The importance of daily rituals for creativity: Regular daily routines drive creativity in artist's lives. *Psychology Today*, Nova York, 27 dez. 2018. Disponível em: https://www.psychologytoday.com/us/blog/the-interrogated-brain/201812/the-importance-daily-rituals-creativity; Currey, Mason (ed.). *Daily Rituals*: How Artists Work. Nova York: Alfred A. Knopf, 2013. [Ed. bras.: *Os segredos dos grandes artistas*: Conheça os rituais diários de Van Gogh, Benjamin Franklin, Freud, Woody Allen, Goethe, entre outros. Tradução de Sabine Alexandra Holler. Rio de Janeiro: Elsevier, 2013.]

5 Russell, Bertrand. *The autobiography of Bertrand Russell*: 1872-1967. Sidney: Allen & Unwin, 1967-1969. 3 vols. [Ed bras.: *Autobiografia de Bertrand Russell*: 1872-1967. Rio de Janeiro: Civilização Brasileira, 1969-1972. 3 vols.]

6 Orlet, C. The gymnasiums of the mind. *Philosophy Now*, Londres, 2004. Disponível em: https://philosophynow.org/issues/44/The_Gymnasiums_of_the_Mind.

7 Raichle, Marcus E. et al. A default mode of brain function. *Proceedings of the National Academy of Sciences*, v. 98, n. 2, p. 676-82, jan. 2001. Disponível em: https://doi.org/10.1073/pnas.98.2.676.

8 Christoff, Kalina et al. Experience sampling during fMRI reveals default network and executive system contributions to mind wandering. *Proceedings of the National Academy of Sciences*, v. 106, n. 21, p. 8719-24, maio 2009. Disponível em: https://doi.org/10.1073/pnas.0900234106.

9 Baird, Benjamin et al. Inspired by distraction: Mind wandering facilitates creative incubation. *Psychological Science*, v. 23, n. 10, p. 1117-22, ago. 2012. Disponível em: https://doi.org/10.1177/0956797612446024.

10 Gusnard, Debra A. et al. Medial prefrontal cortex and self-referential mental activity: Relation to a default mode of brain function. *Proceedings of the National Academy of Sciences*, v. 98, n. 7, p. 4259-64, mar. 2001. Disponível em: https://doi.org/10.1073/pnas.071043098; Farb, Norman A. S. et al. Attending to the present: mindfulness meditation reveals distinct neural modes of self-reference. *Social Cognitive and Affective Neuroscience*, v. 2, n. 4, p. 313-22, dez. 2007. Disponível em: https://doi.org/10.1093/scan/nsm030.

11 Beaty, Roger E. et al. Robust prediction of individual creative ability from brain functional connectivity. *Proceedings of the National Academy of Sciences*, v. 115, n. 5, p. 1087-92, jan. 2018. Disponível em: https://doi.org/10.1073/pnas.1713532115.

12 Kahneman, D. *Rápido e devagar: duas formas de pensar*. Tradução de Cássio de Arantes Leite. Rio de Janeiro: Objetiva, 2012.

13 Ibid., p. 40.

14 Lynch, Peter. The many modern uses of quaternions: A surprising application is to electric toothbrushes but they have many vital functions. *The Irish Times*, Dublin, 4 out. 2018. Disponível em: https://www.irishtimes.com/news/science/the-many-modern-uses-of--quaternions-1.3642385.

15 Johnson, Joseph. A fourth dimension. *Mathematicians*. Berkeley: Universidade da Califórnia, Departamento de Matemática. Disponível em: https://math.berkeley.edu/~robin/Hamilton/fourth.html.

16 Runco, Mark A.; Jaeger, Garrett J. The standard definition of creativity. *Creativity Research Journal*, v. 24, n. 1, p. 92-6, fev. 2012. Disponível em: https://doi.org/10.1080/10400419.2012.650092.

17 Olufsen, Mette S. et al. Blood pressure and blood flow variation during postural change from sitting to standing: Model development and validation. *Journal of Applied Physiology*, v. 99, n. 4, p. 1523-37, out. 2005. Disponível em: https://doi.org/10.1152/japplphysiol.00177.2005; Ouchi, Yasuomi et al. Brain activation during maintenance of standing postures in humans. *Brain*, v. 122, n. 2, p. 329-38, fev. 1999. Disponível em: https://doi.org/10.1093/brain/122.2.329.

18 Oppezzo, Marily; Schwartz, Daniel L. Give your ideas some legs: The positive effect of walking on creative thinking. *Journal of Experimental Psychology: Learning, Memory, and Cognition*, v. 40, n. 4, p. 1142-52, abr. 2014. Disponível em: https://doi.org/10.1037/a0036577.

19 Steinberg, Hannah et al.Exercise enhances creativity independently of mood. *British Journal of Sports Medicine*, v. 31, n. 3, p. 240-5, set. 1997. Disponível em: https://doi.org/10.1136/bjsm.31.3.240.

20 Hao, Ning et al. Enhancing creativity: Proper body posture meets proper emotion. *Acta Psychologica*, v. 173, p. 32-40, fev. 2017. Disponível em: https://doi.org/10.1016/j.actpsy.2016.12.005.

21 Koutstaal, Wilma. Does na open office plan make for a creative environment? New support for the value of privacy at work. *Psychology Today*, Nova York, 5 ago. 2018. Disponível em: https://www.psychologytoday.com/us/blog/our-innovating-minds/201808/does-open-office-plan-make-creative-environment; Open offices can lead to closed minds: Some workplace designs are more about cost-cutting than collaboration. *The Economist*, Nova York, 28 jul. 2018, Business. Disponível em: https://www.economist.com/business/2018/07/28/open-offices-can-lead-to-closed-minds.

22 Kiefer, A. W. et al. Walking changes the dynamics of cognitive estimates of time intervals. *Journal of Experimental Psychology: Human*

Perception and Performance, v. 35, n. 5, p. 1532, out. 2009. Disponível em: https://doi.org/10.1037/a0013546.

23 Csikszentmihalyi, Mihaly. Toward a psychology of optimal experience. *Flow and the foundations of positive psychology*. Dordrecht: Springer, jan. 2014, p. 209-26. Disponível em: https://doi.org/10.1007/978-94-017-9088-8_14; Csikszentmihalyi, Mihaly. *Flow*: The psychology of optimal experience. Nova York: Harper Perennial, 2008. [Ed. bras.: *Flow*: a psicologia do alto desempenho e da felicidade. Tradução de Cássio de Arantes Leite. Rio de Janeiro: Objetiva, 2020.]; Csikszentmihalyi, Mihaly; LeFevre, Judith. Optimal experience in work and leisure. *Journal of Personality and Social Psychology*, v. 56, n. 5, p. 815-22, maio 1989. Disponível em: https://doi.org/10.1037/0022-3514.56.5.815.

24 Keinänen, Mia. Taking your mind for a walk: A qualitative investigation of walking and thinking among nine Norwegian academics. *Higher Education*, v. 71, n. 4, p. 593-605, abr. 2016. Disponível em: https://doi.org/10.1007/s10734-015-9926-2.

25 Steinbeck, John. *Sweet Thursday*. Introdução e notas de Robert DeMott. Nova York: Penguin Classics, 2008. [Ed. bras.: *Doce quinta-feira*. Tradução de Alfredo Barcelos Pinheiro de Lemos. 2. ed. Rio de Janeiro: Record, [*s. d.*].]

26 Para um relato mais extenso sobre o sonho do químico alemão Friedrich August Kekulé (1829-1896) e a descoberta da estrutura do benzeno, veja: Dayan, Anthony D. The circumstances of Kekulé's "molecular dream" in London in 1854. *Bulletin for The History of Chemistry*, v. 31, n. 1, p. 28-30, 2006. Disponível em: https://acshist.scs.illinois.edu/bulletin_open_access/v31-1/v31-1%20p28-30.pdf.

27 Wagner, Ulrich et al. Sleep inspires insight. *Nature*, v. 427, n. 6.972, p. 352-5, jan. 2004. Disponível em: https://doi.org/10.1038/nature02223. Veja também: Yong, Ed. A new theory linking sleep and creativity: The two main phases of sleep might work together to boost creative problem-solving. *The Atlantic*, Washington, DC, 15 maio 2018, Science. Disponível em: https://www.theatlantic.com/science/archive/2018/05/sleep-creativity-theory/560399/; o artigo fornece um bom resumo de algumas das análises atuais sobre a relação entre o sono e a criatividade, com ênfase na importância de se ter um sono que completa todos os seus ciclos para que seja de boa qualidade.

8. A caminhada social

1 Wong, Kate. Fossil footprints of early modern humans found in Tanzania. *Scientific American Blog*, Nova York, 14 abr. 2011. Disponível em: https://blogs.scientificamerican.com/observations/fossil-footprints-of-early-modern-humans-found-in-tanzania/; Greshko, Michael. Treasure trove of ancient human footprints found near volcano: Hundreds of crisscrossing tracks offer a glimpse of life in Africa around 19,000 years ago. *National Geographic*, 10 out. 2016, Culture. Disponível em: https://www.nationalgeographic.com/culture/article/ancient-human-footprints-africa-volcano-science; Greshko, Michael. Treasure trove of fossil human footprints is vanishing: The ancient tracks at Engare Sero have stood the test of time, but they won't last if left exposed to the elements. *National Geographic*, 21 ago. 2018, Science. Disponível em: https://www.nationalgeographic.com/science/article/news-engare-sero-ol-doinyo-lengai-tanzania-behavior.

2 Twain, Mark. Cap. xxiii: Nicodemus Dodge and the skeleton. In: Twain, Mark. *A tramp abroad*. Londres: Chatto & Windus, 1880. Disponível em: https://www.gutenberg.org/files/119/119-h/119-h.htm.

3 Donoghue, Orna; O'Connell, Matthew; Kenny, Rose Anne. Walking to wellbeing: Physical activity, social participation and psychological health in irish adults aged 50 years and older. *Tilda Reports*, p. 1-23, jan. 2016. Disponível em: https://www.doi.org/10.38018/TildaRe.2016-00.

4 Clearfield, Melissa W. Learning to walk changes infants' social interactions. *Infant Behavior and Development*, v. 34, n. 1, p. 15-25, fev. 2011. Disponível em: https://doi.org/10.1016/j.infbeh.2010.04.008.

5 Muscatell, Keely A. et al. Social status modulates neural activity in the mentalizing network. *NeuroImage*, v. 60, n. 3, p. 1771-7, abr. 2012. Disponível em: https://doi.org/10.1016/j.neuroimage.2012.01.080.

6 Bonini, Luca. The extended mirror neuron network: Anatomy, origin, and functions. *The Neuroscientist*, v. 23, n. 1, p. 56-67, fev. 2017. Disponível em: https://doi.org/10.1177/1073858415626400.

7 Dunbar, Robin. *How many friends does one person need?* Dunbar's number and other evolutionary quirks. Londres: Faber & Faber, 2010.

8 Dunbar, Robin. *Grooming, gossip, and the evolution of language*. Cambridge: Harvard University Press, 1998.

9 Yun, Kyongsik; Watanabe, Katsumi; Shimojo, Shinsuke. Interpersonal body and neural synchronization as a marker of implicit social interaction. *Scientific Reports*, v. 2, n. 959, dez. 2012. Disponível em: https://doi.org/10.1038/srep00959; os pesquisadores recrutaram vinte participantes do gênero masculino, destros e saudáveis, e os equiparam com eletrodos de EEG. Eles se sentaram de frente para um orientador que os instruía a usar o braço esquerdo ou o direito (com isso, a preferência de uso da mão direita foi eliminada das análises dos mecanismos cerebrais responsáveis pela sincronização).

10 Ikeda, Shigeyuki et al. Steady beat sound facilitates both coordinated group walking and inter-subject neural synchrony. *Frontiers in Human Neuroscience*, v. 11, n. 147, mar. 2017. Disponível em: https://doi.org/10.3389/fnhum.2017.00147. A interpretação dos dados desses estudos talvez seja difícil, pois a localização do sinal obtido em determinadas regiões do cérebro pode ser complicada. Além disso, os dados são coletados enquanto a pessoa está caminhando, ou seja, ela está em movimento, e os dados são adquiridos em tempo real.

11 O efeito observado era específico do fluxo sanguíneo no lobo frontal, pois as medições simultâneas do fluxo sanguíneo na pele não apresentaram qualquer correlação com o fluxo comportamental ou com os passos de forma geral. Esse tipo de controle permite descartar efeitos não específicos de excitação como causa do efeito observado.

12 Van Schaik, J. E. et al. Measuring mimicry: General corticospinal facilitation during observation of naturalistic Behaviour. *European Journal of Neuroscience*, v. 46, n. 2, p. 1828-36, jun. 2017. Disponível em: https://doi.org/10.1111/ejn.13618; Van Schaik e seus colegas recrutaram 18 participantes do sexo feminino em seu estudo, medindo o potencial motor evocado pela Estimulação Magnética Transcraniana (TMS) nas mãos direitas das participantes.

13 Sweeny, Timothy D. et al. Sensitive perception of a person's direction of walking by 4-year-old children. *Developmental Psychology*, v. 49, n. 11, p. 2120-4, jan. 2013. Disponível em: https://doi.org/10.1037/a0031714.

14 Gabriel, Shira et al. The psychological importance of collective assembly: Development and validation of the Tendency for Effervescent

Assembly Measure (TEAM). *Psychological Assessment*, v. 29, n. 11, p. 1349-62, mar. 2017. Disponível em: https://doi.org/10.1037/pas0000434.

15 O'Doherty, Malachi. Lord Bew on Burntollet. *The Journalism and Recordings of a Belfast Writer*, 8 ago. 2008. Disponível em: https://malachiodoherty.com/2008/08/08/lord-bew-on-burntollet/.

16 Ao tentarmos promover mudanças nas políticas, também devemos focar em como raciocinamos e tomamos decisões. Por trás de grande parte do raciocínio que utilizamos ao longo de nossas vidas, há uma tendência de adaptar os argumentos e dados a uma posição que já adotamos. Isso é formalmente conhecido como "viés de confirmação", e é um atalho amplamente difundido e onipresente no raciocínio humano.

Agradecimentos

1 Existem muitas abordagens sendo testadas. Sobre a estimulação elétrica direcionada da medula espinhal, veja: Wagner, Fabien B. et al. Targeted neurotechnology restores walking in humans with spinal cord injury. *Nature*, v. 563, n. 7.729, p. 65-71, out. 2018. Disponível em: https://doi.org/10.1038/s41586-018-0649-2. Sobre o transplante de células-tronco, veja: Raisman, Geoff. Olfactory ensheathing cells – another miracle cure for spinal cord injury? *Nature Reviews Neuroscience*, v. 2, n. 5, p. 369-75, maio 2001. Disponível em: https://doi.org/10.1038/35072576; Tabakow, Pawel et al. Functional regeneration of supraspinal connections in a patient with transected spinal cord following transplantation of bulbar olfactory ensheathing cells with peripheral nerve bridging. *Cell Transplantation*, v. 23, n. 12, p. 1631-55, dez. 2014. Disponível em: https://doi.org/10.3727/096368914X685131. Sobre o desenvolvimento de interfaces cérebro-máquina (ICMs), veja: Donati, Ana R. C. et al. Long-term training with a brain-machine interface-based gait protocol induces partial neurological recovery in paraplegic patients. *Scientific Reports*, v. 6, n. 30383, ago. 2016. Disponível em: https://doi.org/10.1038/srep30383.

Este livro, composto na fonte Fairfield, foi impresso
em papel Ivory Slim 65g/m², na gráfica Coan.
Tubarão, Brasil, novembro de 2025.